高等学校计算机应用规划教材

多媒体技术与应用

主　编　于　萍
副主编　孙启隆　齐长利　何保锋

清华大学出版社
北　京

内 容 简 介

本书主要介绍多媒体课件制作的实用技术，内容包括文本、图形、图像、音频、视频和动画等多媒体的处理与制作技术。全书共分为 7 章：第 1 章是多媒体课件概述；第 2 章介绍文本技术与应用；第 3 章介绍数字音频技术与应用；第 4 章以 Photoshop 软件为工具，介绍图形图像技术与应用；第 5 章以 Flash 软件为工具，介绍动画技术与应用；第 6 章介绍数字视频技术与应用；第 7 章将以上媒体素材整合，介绍演示型多媒体课件的设计与制作。

本书涵盖知识面广，基本包括了典型的多媒体处理软件，具有较强的实用性。本书可作为高等学校、师范院校的教材，也可作为多媒体制作技术人员和爱好者的自学教材或参考书。

本书封面贴有清华大学出版社防伪标签，无标签者不得销售。
版权所有，侵权必究。举报：010-62782989，beiqinquan@tup.tsinghua.edu.cn。

图书在版编目(CIP)数据

多媒体技术与应用 / 于萍　主编. —北京：清华大学出版社，2019（2025.7 重印）
（高等学校计算机应用规划教材）
ISBN 978-7-302-52169-3

Ⅰ.①多… Ⅱ.①于… Ⅲ.①多媒体技术－高等学校－教材　Ⅳ.①TP37

中国版本图书馆 CIP 数据核字(2019)第 011505 号

责任编辑：王　定
封面设计：孔祥峰
版式设计：思创景点
责任校对：牛艳敏
责任印制：宋　林

出版发行：清华大学出版社
网　　址：https://www.tup.com.cn，https://www.wqxuetang.com
地　　址：北京清华大学学研大厦 A 座
邮　　编：100084
社 总 机：010-83470000
邮　　购：010-62786544
投稿与读者服务：010-62776969，c-service@tup.tsinghua.edu.cn
质 量 反 馈：010-62772015，zhiliang@tup.tsinghua.edu.cn

印 装 者：三河市君旺印务有限公司
经　　销：全国新华书店
开　　本：185mm×260mm　　印　张：15.5　　字　数：348 千字
版　　次：2019 年 5 月第 1 版　　印　次：2025 年 7 月第15次印刷
定　　价：48.00 元

产品编号：077758-01

PREFACE

  计算机的教育应用和信息技术的发展迅猛异常，新的思想、新的方法和新的技术对多媒体课件的制作带来很大冲击。本书介绍了多媒体课件的设计原理与制作技术，更全面、系统地研究多媒体课件，不仅讨论它的设计与制作，而且重视它的运行环境和实用方法；与时俱进，努力将现代信息技术运用到多媒体课件设计中；力求与目前主流软件接轨，争取给读者以更实际和具体的帮助。本书旨在帮助多媒体课件设计人员掌握多种媒体信息的获取与编辑方法，并可根据实际课程内容制作出精良的多媒体课件。

  全书共有 7 章，主要内容如下：第 1 章介绍了多媒体技术和多媒体计算机系统的基本知识、多媒体技术的教育应用及多媒体课件基础；第 2 章介绍文本技术与应用，包括文本素材的获取与编辑、文本设计、OCR 识别技术、PDF 文件处理及电子书制作；第 3 章介绍数字音频技术与应用，包括数字音频基础、常用音频文件格式及格式转换、音频素材的获取与编辑、音频处理软件 Adobe Audition；第 4 章介绍图形图像技术与应用，包括图形图像基础、Photoshop 概述及其处理图像的方法；第 5 章介绍动画技术与应用，包括动画基础、动画素材的获取与编辑、使用 Flash 制作动画的方法；第 6 章介绍数字视频技术与应用，包括数字视频基础、数字视频文件格式及格式转换、视频素材的获取与编辑、使用 Camtasia Studio 和 Premiere 处理视频；第 7 章介绍演示型多媒体课件设计与制作方法，包括 PowerPoint 2010 使用技巧、幻灯片切换、超链接、母版设计和打包等知识。

  由于本书涉及的知识面较广，知识点多，构成一个完整体系难度较大，不足之处在所难免，恳请广大读者批评指正。

  本书提供课件、素材及习题参考答案，下载地址如下：

课件

素材

习题参考答案

编　者
2019 年 2 月

目录
CONTENTS

第1章 多媒体课件概述 ……………… 1
1.1 多媒体技术概述 ………………… 2
- 1.1.1 媒体的常见形式 …………… 2
- 1.1.2 媒体的分类 ………………… 4
- 1.1.3 多媒体及其特点 …………… 6
- 1.1.4 多媒体技术的典型应用 …… 8

1.2 多媒体计算机系统 ……………… 12
- 1.2.1 多媒体硬件系统 …………… 12
- 1.2.2 多媒体软件系统 …………… 13

1.3 多媒体技术的教育应用 ………… 16
1.4 多媒体课件基础 ………………… 18
- 1.4.1 多媒体课件的相关概念 …… 18
- 1.4.2 多媒体课件的分类 ………… 18
- 1.4.3 多媒体课件的开发过程 …… 19

1.5 习题 ……………………………… 21

第2章 文本技术与应用 ……………… 23
2.1 文本素材的获取与编辑 ………… 24
- 2.1.1 文本素材的获取 …………… 24
- 2.1.2 文本素材的编辑 …………… 25
- 2.1.3 文本素材的获取与编辑实例 … 28

2.2 文本设计 ………………………… 33
2.3 OCR 识别技术 …………………… 34
2.4 PDF 文件处理 …………………… 37
2.5 电子书制作 ……………………… 42
2.6 习题 ……………………………… 46

第3章 数字音频技术与应用 ………… 50
3.1 数字音频基础 …………………… 51
- 3.1.1 音频的基本概念 …………… 51
- 3.1.2 音频音质与数据量 ………… 51
- 3.1.3 音频压缩编码的国际标准 … 52

3.2 常用音频文件格式及格式转换 … 53
- 3.2.1 音频文件格式 ……………… 53
- 3.2.2 音频文件格式转换 ………… 54

3.3 音频素材的获取与编辑 ………… 55
- 3.3.1 音频素材的获取 …………… 55
- 3.3.2 音频素材的编辑 …………… 56

3.4 音频处理软件 Adobe Audition … 57
- 3.4.1 Adobe Audition 简介 ……… 57
- 3.4.2 声音录制 …………………… 58
- 3.4.3 音频的编辑 ………………… 60
- 3.4.4 制作音频效果 ……………… 62
- 3.4.5 使用音频插件 ……………… 63
- 3.4.6 使用 Adobe Audition 制作音频实例 …………………… 64

3.5 习题 ……………………………… 66

第4章 图形图像技术与应用 ………… 67
4.1 图形图像基础 …………………… 68
- 4.1.1 图形图像的基本概念 ……… 68
- 4.1.2 常用的图像文件格式 ……… 70

4.2 Photoshop 概述 ………………… 70
- 4.2.1 Photoshop 的工作界面 …… 70
- 4.2.2 Photoshop 的基本操作 …… 73

4.3 图像的选取 ……………………… 77
- 4.3.1 选区的创建 ………………… 77
- 4.3.2 选区的编辑 ………………… 82
- 4.3.3 图像选择的应用实例 ……… 85

4.4 图像的处理 ········· 87
    4.4.1 绘制图像 ········· 87
    4.4.2 修复图像 ········· 91
    4.4.3 裁剪图像 ········· 94
    4.4.4 修饰图像 ········· 96
    4.4.5 合成图像 ········· 97
    4.4.6 为图像配文字 ········· 101
    4.4.7 图像特效 ········· 104
4.5 使用 Photoshop 制作图形图像实例 ········· 108
    4.5.1 实例介绍 ········· 108
    4.5.2 实例操作步骤 ········· 108
4.6 习题 ········· 112

第 5 章 动画技术与应用 ········· 114
5.1 动画基础 ········· 115
    5.1.1 动画的基本概念 ········· 115
    5.1.2 动画的分类 ········· 115
5.2 Flash 概述 ········· 116
    5.2.1 Flash 相关概念 ········· 116
    5.2.2 Flash 操作简介 ········· 118
    5.2.3 Flash 动画文件格式 ········· 120
    5.2.4 绘制矢量图 ········· 120
    5.2.5 选取工具 ········· 123
    5.2.6 对象操作 ········· 124
    5.2.7 绘图工具 ········· 127
    5.2.8 关于颜色 ········· 135
    5.2.9 文本 ········· 139
    5.2.10 元件 ········· 143
    5.2.11 帧 ········· 146
5.3 动画素材的获取与编辑 ········· 148
    5.3.1 动画素材的获取 ········· 148
    5.3.2 动画素材的编辑 ········· 150
    5.3.3 动画素材的获取与编辑实例 ········· 153
5.4 使用 Flash 制作动画 ········· 155
    5.4.1 基本动画制作 ········· 155
    5.4.2 高级动画制作 ········· 158
    5.4.3 Flash 制作动画实例 ········· 166
5.5 习题 ········· 170

第 6 章 数字视频技术与应用 ········· 174
6.1 数字视频基础 ········· 175
    6.1.1 数字视频的基本概念 ········· 175
    6.1.2 动态图像压缩编码技术及国际标准 ········· 176
6.2 数字视频文件格式及格式转换 ········· 177
    6.2.1 数字视频文件格式 ········· 177
    6.2.2 数字视频格式转换 ········· 179
6.3 视频素材的获取与编辑 ········· 180
    6.3.1 视频素材的获取 ········· 180
    6.3.2 视频素材的编辑 ········· 181
    6.3.3 视频素材的获取与编辑实例 ········· 182
6.4 使用 Camtasia Studio 处理视频 ········· 183
    6.4.1 视频剪辑 ········· 184
    6.4.2 为视频配音 ········· 184
    6.4.3 为视频添加字幕 ········· 186
    6.4.4 视频转场特效 ········· 187
6.5 Adobe Premiere Pro CS4 简介 ········· 188
    6.5.1 创建项目并配置项目设置 ········· 188
    6.5.2 视频采集与导入素材 ········· 190
    6.5.3 装配序列 ········· 191
    6.5.4 在序列中编辑素材 ········· 194
    6.5.5 输出 ········· 197
6.6 习题 ········· 199

第 7 章 演示型多媒体课件设计与制作 ········· 202
7.1 PowerPoint 工作环境 ········· 203
7.2 保存演示文稿 ········· 204

7.3 设置幻灯片背景 ……………… 207
 7.3.1 设置渐变色填充背景 ………… 208
 7.3.2 设置纹理填充背景 …………… 209
 7.3.3 设置图片填充背景 …………… 210
 7.3.4 设置图案填充背景 …………… 211
 7.3.5 制作水印 …………………… 211
 7.3.6 配色方案 …………………… 213
7.4 幻灯片切换 …………………… 214
7.5 超链接 ………………………… 215
 7.5.1 利用"超链接"按钮创建超链接 …………………… 215
 7.5.2 利用"动作"按钮创建超链接 …………………… 216
7.6 设计母版 ……………………… 217
 7.6.1 幻灯片母版 ………………… 217
 7.6.2 标题母版 …………………… 218
 7.6.3 讲义母版 …………………… 219
 7.6.4 备注母版 …………………… 219

7.7 自定义动画 …………………… 220
 7.7.1 动画效果 …………………… 220
 7.7.2 为对象设置动画效果 ………… 221
 7.7.3 设置效果选项 ……………… 223
7.8 音频与视频对象 ……………… 225
 7.8.1 插入音频 …………………… 225
 7.8.2 插入视频 …………………… 228
 7.8.3 全屏播放视频 ……………… 229
 7.8.4 格式化视频 ………………… 229
7.9 幻灯片放映 …………………… 230
 7.9.1 创建自定义放映 …………… 230
 7.9.2 设置放映方式 ……………… 231
 7.9.3 控制演讲者放映 …………… 233
7.10 打包成 CD …………………… 235
7.11 将演示文稿保存为视频 ……… 236
7.12 习题 ………………………… 238

参考文献 …………………………… 240

第1章 多媒体课件概述

多媒体技术是当今信息技术领域发展最快、最活跃的技术，它为人们展现了一个多姿多彩的视听世界，令人耳目一新。多媒体技术的出现使得我们的计算机世界丰富多彩起来，也使得计算机世界充满了人性的气息。多媒体技术自问世起即引起人们的广泛关注，并迅速由科学研究走向应用。目前，多媒体技术广泛地应用于教育教学、工业控制、信息管理、办公自动化系统及游戏、娱乐等领域，逐步深入到人们生活的各个方面。

在教育教学领域，多媒体计算机技术与计算机辅助教学相结合产生了多媒体计算机辅助教学(Multimedia Computer-Assisted Instruction，MCAI)。多媒体计算机辅助教学已成为当今计算机教学应用最普及的方式。它代表了教育教学领域中计算机应用技术的最新发展方向，是教育信息化的重要手段，不仅能促进教学方法的更新和发展，而且有助于改变传统的教育思维模式。多媒体计算机辅助教学受到了广大教育工作者的青睐。

多媒体课件是多媒体计算机辅助教学普遍使用的工具，其通过生动的画面和形象的演示改变了传统教学中一支粉笔和一块黑板的教学手段，运用多媒体技术为学习者提供视觉与听觉的多重感观刺激，有利于调动学习积极性，便于因材施教，有助于取得更好的学习效果。

本章主要介绍多媒体技术的基础知识、多媒体计算机系统、多媒体技术的教育应用和多媒体课件的相关知识。

1.1 多媒体技术概述

多媒体技术是一门涉及文本、数值、声音、图形、图像、动画和视频等媒体信息的综合技术,涉及计算机、通信、电视和心理学等多个学科。多媒体技术被认为是继造纸术、印刷术、电报、电话、广播电视和计算机之后,人类处理信息技术的又一大飞跃,是计算机发展史上的一次革命。目前,多媒体技术已广泛应用于军事、教育、音乐、美术、游戏、娱乐、医疗等多个领域,为这些领域的发展和研究带来了勃勃生机,并改变着人们生活、工作和娱乐的方式。

1.1.1 媒体的常见形式

通常,在计算机领域中,媒体(Media)有两种含义:一是指存储信息的实体,如磁盘、光盘、软盘等存储设备,一般称为媒质;二是指传播信息的载体,如文本、数值、声音、图形、图像、视频等,一般称为媒介。多媒体计算机技术中的媒体指的是后者。

1. 文本

文本(Text)包括汉字、英文字母、数字、英文标点符号和中文标点符号等,通常由文字编辑软件(如 Microsoft Word、记事本、写字板或 WPS 文字处理软件等)生成。需要注意的是:中文标点符号和英文标点符号是不同的两类文本。这是因为,中文和英文使用的编码形式不同,中文使用汉字标准信息交换码,每个汉字占用 2B,而英文使用美国标准信息交换代码(American Standard Code for Information Interchange,ASCII),每个英文字符占用 1B。

2. 数值

数值(Number)包括整数和实数。整数由正负号和数字组成,如 12,4,0,-9,在计算机中,整数通常是用补码形式表示的。实数由正负号、数字和小数点组成,如 3.14,14.58,100.0,对于实数,计算机中可使用定点或浮点形式表示。

计算机中对于数值的处理有数值运算和非数值运算。数值运算是对数值进行常规的数学运算,可应用于求解方程的根、矩阵的秩、数值积分和数值微分等数学问题,是计算机最为传统的功能。非数值运算涉及的对象是文本、图形、图像、声音、视频和动画等,随着计算机的普及,非数值处理技术将计算机的应用拓宽到模式识别、情报检索、人工智能和计算机辅助教学等领域。

3. 声音

声音(Video)是由物体振动产生的声波。发出振动的物体叫做声源。声音是通过介质(空气、固体或液体)传播并能被人或动物听觉器官所感知的波动现象。声音具有一定的频率范围。人耳可以听到的声音的频率范围为 20Hz~20kHz。高于这个范围的声音称为超声波,低于这一范围的声音称为次声波。声音的波形图如图 1.1 所示。

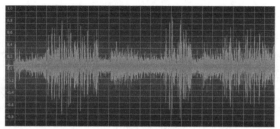

图 1.1　声音的波形图

4. 图形和图像

图形(Graph)和图像(Image)都是多媒体系统中的可视元素。图形和图像的示例如图 1.2 所示。图形是矢量图,是人们根据客观事物制作生成的,不是客观存在的。图形的元素包括点、直线、弧线、圆和矩形等。通常,图形在屏幕上显示要使用专用软件(如 AutoCAD 和 Microsoft Visio 等)将描述图形的指令转换成屏幕上的形状和颜色,由于图形在本质上是由数学的坐标和公式来描述的,所以一般只适用于描述轮廓不是很复杂、色彩不是很丰富的对象,如几何图形、工程图纸和3D 造型等,并且图形在进行缩放时不会失真,可以适应不同的分辨率。

图像是由扫描仪、摄像机等输入设备捕捉实际的画面产生的数字图像,是由像素构成的位图。就像细胞是组成人体的基本单位一样,像素是组成一幅图像的基本单位。对图像的描述与分辨率和色彩的颜色位数有关,分辨率与颜色位数越高,占用存储空间越大,图像越清晰,但图像在缩放过程中会损失细节或产生锯齿。基于以上特点,图像适用于显示含有大量细节,如明暗变化、场景复杂、轮廓色彩丰富的对象,并且可通过图像处理软件(如 Paint、Brush、Photoshop 等)对图像进行处理以得到更清晰的图像或产生特殊效果。

(a) 图形　　　　　　　　　　　　(b) 图像

图 1.2　图形和图像

5. 视频

视频(Video)指的是将一系列静态影像以电信号方式加以捕捉、记录、处理、存储、传送与重现的各种技术,是多幅静止图像与连续的音频信息在时间轴上同步运动的混合媒体。

当连续的图像变化每秒超过 24 帧画面以上时，根据视觉暂留原理，人眼无法辨别单幅的静态画面，多帧图像随时间变化而产生运动感，继而产生平滑连续的视觉效果，因此视频也被称为运动图像。图 1.3 是多幅静态图像构成的白云运动画面。

图 1.3　视频

6．动画

　　动画(Animation)也是一种视频，指的是采用动画制作软件(如 Adobe Flash CS3、3ds Max 等)生成的一系列可供实际播放的连续动态画面。动画是一门幻想艺术，更容易直观表现和抒发人们的感情，扩展人类的想象力和创造力。目前，动画已成功应用到多个领域，如娱乐行业的动漫游戏、建筑行业的建筑结构展示、军事行业的飞行模拟训练和机械行业的加工过程模拟。图 1.4 为机械手模拟动画演示界面。

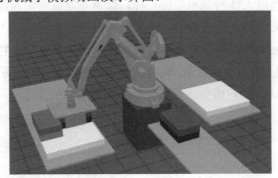

图 1.4　动画

1.1.2　媒体的分类

　　1993 年，国际电信联盟(International Telecommunication Union，ITU)将媒体划分为以下 5 种类型。

1．感觉媒体

　　感觉媒体(Perception Media)指的是能够直接作用于人的感觉器官，并能够使人直接产生感觉的一类媒体。人的感觉包括视觉、听觉、触觉和味觉等。视觉是人类感知信息最重要的途径。据统计，依靠视觉获取的外部信息量约占人类获取的总信息量的 70%，人类通过视觉器官可感知到符号、图形、图像、视频和动画等媒体信息。除视觉外，人类可通过听觉器官感知声音信息，如语音、音乐和音响等；可通过嗅觉器官感知气味信息；可通过触觉器官(如神经末梢)感知对象的位置、大小、方向、方位、温度和质地等性质。

2. 表示媒体

表示媒体(Representation Media)是为了对感觉媒体进行有效加工、处理和传输而人为构造出的一种媒体，表示媒体通常表现为对各种感觉媒体的编码。例如，英文字符的美国标准信息交换代码(ASCII)表示形式，汉字的标准信息交换码和机内码表示形式，整数的补码表示形式，实数的定点数表示形式和浮点数表示形式，语音的脉冲编码调制形式，图像的 JPEG 编码和视频的 MPEG 编码形式等。

3. 显示媒体

显示媒体(Presentation Media)是指显示感觉媒体的物理设备，即将感觉媒体和计算机中电信号相互转换的一类媒体。显示媒体又分为两类：输入显示媒体和输出显示媒体。其中，输入显示媒体是完成将感觉媒体转换为计算机中的电信号，包括键盘、鼠标、话筒、摄像机、扫描仪、手写笔等，如图 1.5 所示。输出显示媒体的功能则是将计算机中的电信号转换为感觉媒体，包括显示器、打印机、投影仪和扬声器等，如图 1.6 所示。

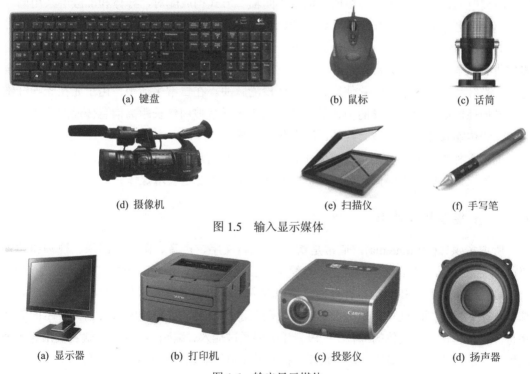

(a) 键盘　　　　　　　　(b) 鼠标　　　　　　　　(c) 话筒

(d) 摄像机　　　　　　　(e) 扫描仪　　　　　　　(f) 手写笔

图 1.5　输入显示媒体

(a) 显示器　　　　　　　(b) 打印机　　　　　　　(c) 投影仪　　　　　　　(d) 扬声器

图 1.6　输出显示媒体

4. 存储媒体

存储媒体(Storage Media)又称存储介质，是指将感觉媒体转换为表示媒体后，用于存储表示媒体的物理介质。常见的存储媒体包括硬盘、软盘和光盘等。目前，软盘已经很少使用，而硬盘技术越来越成熟，已成为主要的存储媒体。

5. 传输媒体

传输媒体(Transmission Media)是将表示媒体从一处传送到另一处的物理载体，是通信网络中发送方和接收方之间的物理通路。传输媒体可分为有线和无线传输媒体两大类。常见的有线传输媒体包括双绞线、同轴电缆和光纤，如图 1.7 所示。

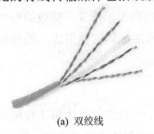
(a) 双绞线

(b) 同轴电缆

(c) 光纤

图 1.7 有线传输媒体

双绞线是将两根绝缘导线螺旋对扭在一起形成的，这种结构可以有效地减少两根导线之间的辐射电磁干扰，其最早被应用于电话通信中模拟信号的传输，是最为常用的传输媒体。同轴电缆也是由一对导体组成，但按"同轴"形式构成配对，导体和屏蔽层共用同一轴心。闭路电视所使用的有线电视 CATV(Cable Television)电缆就是同轴电缆。光纤是一种由玻璃或塑料制成的纤维，可作为光传导工具。微细的光纤封装在塑料护套中，使得它能够弯曲而不至于断裂。通常，光纤一端的发射装置使用发光二极管或激光将光脉冲传送至光纤，光纤另一端的接收装置使用光敏元件检测脉冲。在日常生活中，由于光在光导纤维的传导损耗比电在电线传导的损耗低得多，因此光纤常被用作长距离信息传递的载体。常见的无线传输媒体包括微波、红外、激光和蓝牙等。

上述五种媒体的核心是感觉媒体和表示媒体，即信息的存在形式和表示形式。人们通常所说的媒体是指感觉媒体，但计算机所处理的媒体主要是表示媒体。

1.1.3 多媒体及其特点

所谓多媒体(Multimedia)，通常是指多种媒体(文字、声音、图形、图像、视频和动画等)的综合集成与交互。这种综合绝不是简单的综合，而是发生在多个层面上的综合。例如，人们可通过听觉器官和视觉器官分别感受视频中的声音和图像，这是一种感觉媒体层面的综合；计算机可同时处理使用标准信息交换码表示的中文字符和使用 ASCII 码表示的英文字符，这是一种表示媒体的综合；一段音乐需要经过输入、编码、存储、传输和输出等多个过程，这是一种在表示媒体、显示媒体、存储媒体和传输媒体等各个层面的综合。

多媒体具有以下特点。

1. 大数据量

多媒体技术将计算机所能处理的信息空间扩展和放大，使之不再仅仅局限于数字和文本。计算机由原来的无声世界进入到有声世界；由原来的静止画面进入到动态画面乃至活动影像。处理的媒体类型包括文本、声音、图形、图像、视频和动画等。其中，声音、图形、图像、视频和动画都需要占用较大的存储空间。例如，一幅分辨率为 4032×3024 的 JPEG 格式的图像，大约占用 2.16MB 的存储空间；一首播放时间为 5 min，采样频率为 44.1 kHz 的 MP3 音乐，大约占用 5.3 MB 的存储空间。

2. 集成性

多媒体的集成性可以理解为两种情况：一种是多媒体信息的集成，即多媒体系统总是同时处理多种媒体信息。在多媒体系统中，各种媒体信息不再采用单一方式进行采集与处理，而是多通道同时统一采集、存储与加工处理，更加强调各种媒体之间的协同关系。例如，文字编辑系统同时处理包括文字和图像的集成媒体信息；视频处理软件同时处理包括声音和图像的集成媒体信息。另一种是多媒体处理设备的集成，在硬件方面，多媒体系统包括能处理多媒体信息的高速并行的中央处理器、多通道的输入输出接口及外设和大容量的存储器，并将这些硬件设备集成为统一的系统；在软件方面，多媒体系统包括多媒体操作系统、满足多媒体信息管理的软件系统、高效的多媒体应用软件和创作软件等。这些多媒体系统的硬件和软件被集成为处理各种复合信息媒体的信息系统。

3. 交互性

所谓交互性，就是把人的活动作为一种媒体加入到信息传播过程中，使参与信息交互的各方，不论是发送方还是接收方，都可以对信息进行编辑、控制和传递的特性。它向用户提供了更加有效地控制和使用信息的手段，同时也为应用开辟了更广泛的领域。交互性使我们在获取和使用信息时变被动为主动，增加了对信息的注意和理解，延长了信息的保留时间。例如，在计算机辅助教学中，可以人为地改变节目的内容和顺序，研究感兴趣的某些方面；还可以主动地进行检索、提问和回答，而不是像看电视那样被动地接收信息。

4. 实时性

由于多媒体系统需要处理各种复合的信息媒体，决定了多媒体技术必然要支持实时处理。接收到的各种信息媒体在时间上必须是同步的。例如，语音和活动的视频图像必须严格同步，因此要求实时性，甚至是强实时(Hard Real Time)。例如，电视会议系统的声音和图像不允许存在停顿，必须严格同步，包括"唇音同步"，否则传输的声音和图像就失去意义。

5. 编码方式多样性

多媒体的编码方式也呈现多样性。例如，文本中的英文字符使用 ASCII 码；中文字符使用汉字信息交换码；汉字输入时可使用拼音编码方案或五笔字型编码方案；语音使用脉冲编码调制 PCM 形式；图像使用 JPEG 编码；视频使用 MPEG 编码。

由于现在的多媒体信息都是由计算机进行处理，因此，多媒体除了具有多种媒体的含义以外，还包括处理和应用多媒体信息的一整套技术。即多媒体技术是将文本、声音、图形、图像、视频和动画等多种媒体信息通过计算机进行采集、处理、存储和传输的各种技术的统称。在处理这些多媒体信息时，首先，将自然界存储的各种媒体编码成计算机可以处理的二进制编码形式；然后，在计算机上完成对多媒体信息的各种处理，如字体的大小设置，图像的旋转、滤镜、模糊，声音的淡入淡出，视频的剪辑等，这些处理都是基于计算机中存储的多媒体的二进制信息进行的，都是数字处理，当需要保存处理后的多媒体信息时，涉及多媒体的存储；最后，将处理完成的多媒体信息从一台计算机传输到另一台计算机时，涉及多媒体的网络通信。在以上多媒体信息进行采集、处理、传输和存储的过程中产生了多种多媒体技术，这些技术包括多媒体信息编码技术、多媒体信息数字化处理技术、大容量存储技术、多媒体信息压缩技术和多媒体网络通信技术等，它们相辅相成，共同促进多媒体技术的发展。

1.1.4 多媒体技术的典型应用

多媒体技术是一种实用性很强的技术，当使用者通过人机接口访问任何种类的电子信息时，多媒体都可以作为一种适当的手段。多媒体大大改善了计算机的人机界面，集文本、声音、影像于一体，更接近于人类自然的信息交流方式，提高了计算机的易用性和可用性，同时增强了信息的记忆能力与效率。多媒体技术不仅使计算机产业日新月异，而且极大地改变了人们传统的思维、学习、工作和生活的方式。

1. 基于内容的图像检索

基于内容的图像检索(Content-Based Image Retrieval，CBIR)，这一概念是 1992 年由 T.Kato 首次提出的。他在论文中首次构建了一个基于色彩与形状进行查询的图像数据库，并根据一定的检索功能进行实验。此后，基于图像特征提取以实现图像检索的过程以及 CBIR 这一概念，被广泛应用于统计学、模式识别、信号处理和计算机视觉等各种研究领域。目前，CBIR 是计算机视觉领域中关注大规模数字图像内容检索的研究分支。典型的 CBIR 系统允许用户输入一张图片，以查找具有相似甚至相同内容的其他图片。而传统的图像检索都是基于关键词的文本检索，即通过图片的名称和文字信息来实现检索功能。

基于 CBIR 技术的图像检索系统，在建立图像数据库时，系统对输入的图像进行分析并分类统一建模，然后根据各种图像模型提取图像特征存入特征库，同时对特征库建立索引以提高查找效率。用户在输入查询条件时，可以采用一种特征或几种综合特征来检索，然后系统根据相似性匹配算法计算关键图像特征与特征库中图像特征的相似度，最后根据相似度从大到小的顺序将匹配图像反馈给用户。用户可根据自己的满意程度，选择是否改变查询条件继续查询，以达到满意的查询结果。

目前，国外已经出现一些可以真正实现基于内容的图像检索系统。例如，IBM 公司的 QBIC 系统、哥伦比亚大学的 VisualSEEK 图像检索系统和 WebSEEK 图像及视频搜索引擎等。国内基于内容的图像检索技术也取得了一定的研究成果，仍有较大进步空间。

2. 语音识别

语音识别技术，也称为自动语音识别(Automatic Speech Recognition，ASR)，是将人类的语音中的词汇内容转换为计算机可以识别的文本或命令。语音识别技术的处理对象为语音，是模式识别的一个重要发展分支。语音识别是一门综合人工智能、数字信号处理、模式识别、语言学、声学和认知科学等多学科领域的综合技术,包括多方面的研究领域:根据对说话人说话方式的要求,可分为孤立字(词)、连接词和连续语音识别系统;根据对说话人的依赖程度,可分为特定人和非特定人语音识别系统;根据词汇量的大小,可分为小词汇量、中等词汇量、大词汇量和无限词汇量语音识别系统。

语音识别技术有着非常广泛的应用领域和市场前景。它的出现使人们甩掉键盘,通过语音方式与计算机进行沟通,使用语音要求、请示、命令或询问以得到正确的响应。目前已应用于声控语音拨号系统、声控智能玩具、工业控制领域、军事领域等。微软公司在 Windows 操作系统中已经开发了语音识别系统,图 1.8 为 Windows 中的语音识别界面。

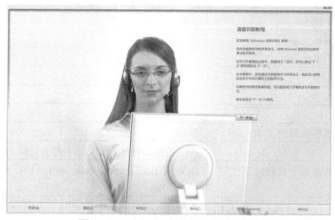

图 1.8 Windows 中的语音识别界面

用户可通过学习语音识别教程掌握语音识别的常用命令。Windows 中的语音识别常用命令如表 1.1 所示。

表 1.1 Windows 中的语音识别常用命令

功　　能	说出的内容
按项目名称单击任何项目	单击文件、开始、查看
单击任何项目	单击回收站、单击计算机、单击文件名
双击任何项目	双击回收站、双击计算机、双击文件名
切换到某个打开的程序	切换到画图、切换到写字板、切换到程序名
沿一个方向滚动	向上滚动、向下滚动、向左滚动、向右滚动
在页面中滚动确切的距离	向下滚动 2 页、向上滚动 10 页
在文档中插入新段落或换行	新段落、换行
在文档中选择字词	选择字词
选择某个字词并开始对其更正	更正字词
选择并删除特定字词	删除字词
显示适用命令的列表	我可以说什么
更新当前可用的语音命令列表	刷新语音命令
让计算机听您说话	开始聆听

(续表)

功　能	说出的内容
让计算机停止聆听	停止聆听
移动语音识别麦克风栏	移动语音识别
最小化语音识别	最小化语音识别
将光标放到特定字词之前	转到字词
将光标放到特定字词之后	转到字词后面
请勿在下一个字词前插入空格	无空格
转到光标所在句子开头	转到句子开头
转到光标所在段落开头	转到段落开头
选择当前文档中的字词	字词到字词
选择当前文档中的所有文本	选择全部文本
选择光标位置之前的多个字词	选择前 20 个字词
选择最后听写的文本	选择它
在屏幕上清除选定内容	清除选定内容
删除前一个句子	删除前一个句子
删除选定的文本或最后听写的文本	删除这个
在键盘上按任意键	按键盘键、按 a、按大写字母 B、按 Shift+a
在不首先说"按"的情况下直接按某些键盘键	Delete、Backspace、Enter、Page Up、Page Down、Home、End、Tab
,	逗号
单击某个带编号的项目	19 确定、5 确定
双击某个带编号的项目	双击 19、双击 5
右键单击某个带编号的项目	右键单击 19、右键单击 5
关闭程序	关闭这个、关闭画图、关闭文档
最小化	最小化这个、最小化画图、最小化文档
最大化	最大化这个、最大化画图、最大化文档
还原	还原这个、还原画图、还原文档
剪切	剪切这个、剪切
复制	复制这个、复制
粘贴	粘贴
删除	删除这个、删除
撤消	撤消这个、撤消
为下一个命令插入由字母组成的字词	由字母组成的字词
插入数字形式的数	由数字组成的数

3. 虚拟现实

虚拟现实(Virtual Reality，VR)技术是一种可以搭建和体验虚拟世界的计算机技术，它通过计算机生成一种逼真的模拟环境，是一种多源信息融合交互式的三维动态视景和实体行为的系统仿真。人们可以借助传感头盔、眼镜和数据手套等专业设备，通过视觉、触觉和听觉进入虚拟空间，实时感知和控制虚拟世界中的各种对象，获得身临其境的感受。虚拟现实技术是仿真技术与计算机图形学、传感技术和网络技术等多种技术的融合，是仿真技术的一个重要发展方向,是一门富有挑战性的综合技术。虚拟现实技术具有以下特征。

(1) 多感知性。一般计算机只具有听觉感知和视觉感知,而虚拟现实技术除了以上两种感知外,还有触觉感知、运动感知,甚至还包括味觉和嗅觉感知等。理想的虚拟现实应该具有一切人所具有的感知功能。

(2) 沉浸感。沉浸感又称为现场感,是指人们作为主角存在于虚拟环境中的真实程度。在逼真的照明和音响效果下,人们置身于计算机创建的三维虚拟环境中,理想的虚拟环境应该达到使人们难以分辨环境真假的程度,甚至获得比现实更逼真的感觉。

(3) 交互性。交互性是指用户对虚拟环境内的物体的可操作程度和从环境得到反馈的自然程度。例如,用户可以直接与虚拟环境中的人物握手,这时手应该有触摸感,甚至能感觉对方的温度,虚拟环境中人物的手应该与用户的手同步移动。

(4) 构想性。构想性是由虚拟环境的逼真性与实时交互性而使用户产生更丰富的联想,用户沉浸在多维虚拟信息空间中,依靠自己的感知和认知能力,发挥主观能动性,任意构想客观不存在的甚至是不可能发生的环境。

目前,虚拟现实技术正广泛应用于城市规划、航空航天工业、室内设计、医疗卫生和休闲娱乐等领域。图 1.9 为虚拟现实的应用领域示意图。

(a) 城市规划

(b) 航空航天工业

(c) 室内设计

(d) 医疗卫生

(e) 休闲娱乐

图 1.9　虚拟现实的应用领域示意图

4. 多媒体监控及监测系统

现在有很多企业为了提高效率,减少人员开销,实行无人管理,即采用监控、监测系统。该系统能够定期采集仪器仪表数据,若发现问题,可用自动控制或人工干预等方法进行处理,以维护系统的正常运行。例如,电力系统对电厂、变电站的管理,石油化工行业中的现场管理等。另外,一些部门由于特殊的要求也需要进行实时监控,如海关、银行和一些危险部门的管理监控。将多媒体监控系统用于交通管理,其成效也是显著的。现在城市的交通拥堵现象非常普遍,如果在各个重要的交通路段对行人和车辆进行实时监控,使监控中心随时掌握各个重要交通枢纽的车辆和行人的动态分布情况,就可以根据实时路况对交通进行疏导,这将有效改善交通拥堵现象。

5. 教育教学

多媒体技术具有声音、文字、图像并茂和影像活动的特点，能够为教学提供理想环境，是有效满足信息社会教育需要的现代化手段。在教育教学中应用多媒体技术，可以切实解决课时矛盾，从而更好地实现因材施教；能充分体现学生的主体地位，并且可以通过对学生多重感官的刺激来提高学习效率。多媒体教学在教学活动中融入了计算机技术、网络技术、多媒体技术和现代教学方法，融合了文字、图像、声音、视频和动画等，使教学过程更加简单、形象和直观。在教育教学中利用多媒体技术辅助教学，教师可以更生动形象地表达教学内容。例如，可以将化合物的合成过程用动画形式演示出来，把平面的知识立体化，把枯燥的知识生动化，加深学生对概念的理解。另外，教师可以将教学所需的大量的数据、声音、影像等材料制作成精美的课件，通过对学生多种感官的刺激提高学习效率，能够诱发学生的联想和想象，创造教学情境，激发学生的学习兴趣，以达到最佳的学习效果。多媒体教学不仅是一种教学手段和教学方法，也是一种独特的教学过程，在该过程中可以充分体现现代化的教学思想和教学理论。目前，多媒体教学凭借其独特的优势，在学校教学活动中得到日益广泛的应用。

1.2 多媒体计算机系统

通常，如果一台计算机配备了多媒体的硬件系统和相应的软件系统，使其具有综合处理图、文、声、像等信息的功能，这种计算机就称为多媒体计算机。多媒体计算机由多媒体硬件系统和多媒体软件系统组成。

1.2.1 多媒体硬件系统

多媒体硬件系统是指具有多媒体处理能力的各种硬件设备，包括支持多媒体处理的中央处理器、支持声音处理的声音接口、支持视频处理的视频接口、支持多媒体存储的大容量存储器等。

1991年，美国的Microsoft公司、IBM公司和DELL公司等联合一些主要的计算机厂商和多媒体产品开发商成立了MPC市场协会(Multimedia PC Marketing Council)，主要目的是建立多媒体个人计算机硬件系统的最低功能标准。多媒体个人计算机是在常规计算机的基础之上，通过扩充使用视频、音频、图形图像处理软硬件来实现高质量的图形、立体声和视频处理能力。MPC市场协会规定多媒体计算机包括5个基本组成部件：个人计算机(PC)、只读光盘驱动器(CD-ROM)、声卡、Windows操作系统、音箱或耳机，同时对CPU性能、内存储器和外存储器的容量、声音处理设备、图像处理设备、输入输出接口和操作系统等也制定了相应的标准，即MPC标准，MPC1、MPC2和MPC3三个标准的参数如表1.2所示。

表 1.2　MPC1/MPC2/MPC3 标准

设备	MPC1	MPC2	MPC3
中央处理器	16MHz 386SX (推荐 386DX 或 486DX)	25MHz 486SX (推荐 486DX 或 DX2)	75MHz Pentium (推荐 100MHz 以上 Pentium)
内存储器	2MB(推荐 4MB)	4MB(推荐 8MB)	8MB(推荐 16MB)
硬盘	30MB(推荐 80MB)	160MB(推荐 400MB)	540MB(推荐 800MB)
光盘存储器	150KB/s 最大寻址时间 1s	300KB/s 最大寻址时间 400ms	600KB/s 最大寻址时间 200ms
声卡	8 位数字声音、8 个合成音 MIDI	16 位数字声音、8 个合成音 MIDI	16 位数字声音、Wave Table MIDI
显卡	分辨率：640×480 像素深度：4 位(推荐 8 位)	分辨率：640×480 像素深度：16 位	分辨率：640×480 像素深度：16 位(推荐图形加速卡)
视频播放			352×240×30f/s 或 352×288×25f/s，15 位/像素
I/O 接口	MIDI I/O, 串口, 并口	MIDI I/O, 串口, 并口	MIDI I/O, 串口, 并口
操作系统	DOS 3.1 及以上	DOS 3.1 及以上	Windows 3.1 及以上

1.2.2　多媒体软件系统

多媒体软件系统包括各种多媒体设备的驱动程序、多媒体操作系统、多媒体开发工具和多媒体应用软件等。其中，多媒体开发工具有文本类、声音类、图形类、图像类、视频类和动画类等多种类型。

1. 文本类开发工具

(1) 记事本。记事本是 Windows 操作系统内置的一个文本编辑器，用来创建或编辑简单的文本文档(扩展名为.txt)，也可用于创建简单的网页。

(2) Microsoft Word。Microsoft Word 是微软公司 Office 的核心程序，是当前使用范围最广、最为常见的文本阅读和编辑工具。Word 具有用户界面友好、工具丰富、多媒体混排、制表功能强大等优势。

2. 声音类开发工具

(1) Adobe Audition。Adobe Audition 是专为音频和视频专业人员设计的音频处理软件，可提供先进的声音录制、音频混合、编辑、控制和效果处理等功能。Adobe Audition 是一个完善的多声道录音室，最多可混合 128 个声道，可编辑单个音频文件，创建回路并可使用 45 种以上的数字信号处理效果。Adobe Audition 操作流程简单灵活，无论是创建音乐、录制广播短片，还是为录像配音，均可以创造出高质量的、丰富的、细微的声音效果。Adobe Audition 的工作界面如图 1.10(a)所示。

(2) Sound Forge。Sound Forge 是 Sonic Foundry 公司研发的一款功能强大的专业化数字音频处理软件。该软件可以非常直观方便地实现对音频文件(.wav)及视频文件(.avi)中的声音部分进行处理，包括对声音的剪辑、数字化指标转换、效果处理、降噪处理和不同类型的文件格式转换等，可满足从普通用户到专业录音师的各种用户的不同需求。Sound Forge 的工作界面如图 1.10(b)所示。

(a) Adobe Audition

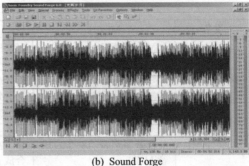
(b) Sound Forge

图 1.10　声音类开发工具工作界面

3. 图形类开发工具

(1) AutoCAD。AutoCAD(Autodesk Computer Aided Design)是 1982 年美国 Autodesk 公司开发的用于二维绘图、详细绘制、设计文档和基本三维设计的绘图工具，现已成为国际上使用范围最广的绘图工具。AutoCAD 具有良好的用户界面，通过交互菜单或命令行方式便可以进行各种操作。它的多文档设计环境，让非计算机专业人员也能很快地学会使用，在不断实践的过程中更好地掌握它的各种应用和开发技巧，从而提高工作效率。AutoCAD 的工作界面如图 1.11(a)所示。

(2) CorelDRAW。CorelDRAW 是加拿大 Corel 公司出品的矢量图形设计软件，具有矢量动画制作、页面设计、网站制作、位图编辑和网页动画制作等多种功能。它包含两个绘图应用程序：一个用于矢量图及页面设计，一个用于图像编辑。该软件提供的智慧型绘图工具和动态向导可以充分降低用户的操控难度，使设计者更精确地掌握控制物体的尺寸和位置，减少操作步骤，节省设计时间。CorelDRAW 的工作界面如图 1.11(b)所示。

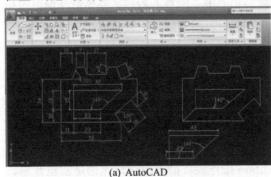
(a) AutoCAD　　　　　　　　　　　(b) CorelDRAW

图 1.11　图形类开发工具工作界面

4. 图像类开发工具

Photoshop 是美国 Adobe 公司开发的图像设计及处理软件，以其强大的功能倍受用户的青睐。它是一个集图像扫描、编辑修改、图像制作、广告创意、图像合成、图像输入输出、网页制作于一体的专业图像处理软件。Photoshop 为美术设计人员提供了无限的创意空间，可以从一个空白的画面或从一幅现成的图像开始，通过各种绘图工具的配合使用及图像调整方式的组合,在图像中任意调整颜色、明度、彩度、对比,甚至轮廓及图像;通过几十种特殊滤镜的处理,为作品增添变幻无穷的魅力。Photoshop 的工作界面如图 1.12 所示。

图 1.12　Photoshop 的工作界面

5. 视频类开发工具

(1) Premiere。Premiere 是 Adobe 公司推出的一款数字视频编辑软件,是视频编辑爱好者和专业人士普遍使用的视频编辑工具。Premiere 简单易学,操作精确高效,提供了采集、剪辑、调色、美化音频、字幕添加、输出和刻录的一整套流程。该软件还具有较好的兼容性,可以与 Adobe 公司推出的其他多媒体软件相互协作,能满足设计者制作高质量视频作品的要求。Premiere 的工作界面如图 1.13(a)所示。

(2) Camtasia Studio。Camtasia Studio 是一款专业的屏幕录像软件,该软件操作简单,用户可以方便地进行屏幕操作的录制和配音、视频的剪辑和过场动画、添加说明字幕和水印、制作视频封面和菜单、视频压缩和播放、添加测试题等。Camtasia Studio 的工作界面如图 1.13(b)所示。

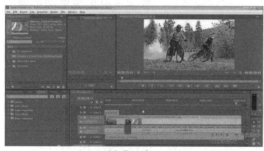
(a) Premiere

(b) Camtasia Studio

图 1.13　视频类开发工具工作界面

6. 动画类开发工具

Flash 是集动画创作与应用程序开发于一身的创作软件,其为创建数字动画、交互式

Web 站点和桌面应用程序开发提供了功能全面的创作和编辑环境。使用 Flash 创作的应用程序包含丰富的视频、声音、图形和动画。Flash 还可以结合 Adobe ActionScript 3.0 开发高级的交互式项目。Flash 具有跨平台和可移植的特性，无论处于何种平台，只要支持 Flash Player，就可以保证最终显示效果一致。Flash 的工作界面如图 1.14 所示。

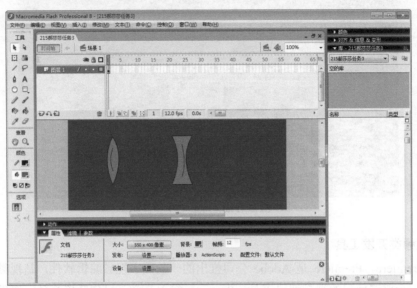

图 1.14　Flash 的工作界面

多媒体技术的教育应用

多媒体计算机技术与计算机辅助教学相融合产生了多媒体计算机辅助教学(Multimedia Computer-Assisted Instruction，MCAI)。MCAI 引入教学领域后，教学素材呈现生动形象，人机交互方式多样化，学习内容可根据学生的认知特点改变其呈现形式，符合认知学习理论关于学习者获取新知识的基本理论。

1. 多媒体计算机辅助教学的主要优点

多媒体计算机辅助教学具有如下优点。

(1) 多重感官刺激。多重感官同时感知的学习效果优于单一感官感知的学习效果。运用多媒体技术，可以充分刺激学生的视觉与听觉等感官，有助于获得更好的学习效果。

(2) 信息量大。在 MCAI 中，多媒体计算机系统的声音与图像压缩等技术能够在极短时间内大量传输、存储、提取或呈现文字、语音、图形、图像乃至活动画面信息。

(3) 操作方便，易学易用。MCAI 的教学系统控制以鼠标、触摸屏、手写笔和话筒为主，以键盘输入为辅，操作提示直观，即使对计算机环境不熟悉的操作者也可以轻松自如地使用。

（4）交互性强。MCAI 系统提供了丰富的图形界面和多种形式的反馈信息，用户比在一般的教学环境中拥有更多的自主操作权和选择权，交互方式灵活、多样、简捷，人机交互性强。

（5）利于调动学生的学习积极性。学生在友好的交互学习环境中，注意力更集中。在与计算机的"提问—反馈或操作—反应"等交互活动过程中，学生处于一种积极、主动的精神状态，学习积极性、效率、效果都会明显提高。

（6）便于实现因材施教。在 MCAI 系统中，可根据学习内容的需要和特点为其选择适当的表现形式，为其提供不同的操作控制方式，使因材施教原则的实现具备了更好的环境。

多媒体计算机辅助教学的优势是传统教学模式无法比拟的，不仅是一种教学手段和教学方法，也是一种独特的教学过程，在该过程中可以充分体现现代化的教学思想和教学理论。目前，多媒体教学凭借其独特的优势，在学校教学活动中得到日益广泛的应用。

2. 多媒体计算机辅助教学的教学模式

多媒体计算机辅助教学通常采用的教学模式有多媒体组合教学的课堂教学模式、模拟情景教学模式、自学辅导教学模式和虚拟现实教学模式等。

（1）多媒体组合教学的课堂教学模式。多媒体组合教学的课堂教学模式是以传统的教室为教学场所，在教学过程中将多种多媒体设备参与到教学活动中，辅助教师授课。这些多媒体设备通常包括多媒体计算机系统、投影仪和音响设备等。教师可以通过自己制作的多媒体课件讲授知识，学生也可以在课堂上通过多媒体练习课件，对课堂上教师所讲授的内容进行练习，巩固所学知识，达到更佳的学习效果。

（2）模拟情景教学模式。多媒体技术的突出特点就是将声音、图像、图形、动画、文字、视频等多种媒体信息有机地组织起来，产生多媒体效果。模拟情景教学模式正是考虑到多媒体教学中多媒体技术的上述特点而提出来的。传统的教学模式采用单一模式的教学方法组织教学。多媒体教学模式利用多种媒体有机组合，能够充分调动起学生的多种感官，并可以模拟呈现学习内容所涉及的自然环境和实验室，使学生产生身临其境的感觉，使所学知识更容易接受和理解。

（3）自学辅导教学模式。自学辅导教学模式是在多媒体教学环境提供丰富的信息资源的前提下，伴随学生的自学进行的。学生通过多媒体计算机可以查询到网络中的诸多知识，由于多媒体技术使得知识的呈现方式形式多样，对学生具有较强的吸引力，所以能够促使学生展开自学。在学生自学的基础上，教师通过网络环境对学生进行单独辅导，检查作业完成情况，提高了学习效率，可取得较好的学习效果。

（4）虚拟现实教学模式。虚拟现实教学模式又可分为两个子模式：基于视频会议的虚拟教室和基于计算机仿真技术的情景教学。其中，基于视频会议的虚拟教室是使用视频会议系统，教师和学生在异地虚拟一个网络教室，教师通过网络进行远程教学。而基于计算机仿真技术的情景教学，则是利用视觉、听觉等多种媒体感观和虚拟现实技术模拟一个真实的环境，使学生"身临其境"地学习相关知识。

1.4 多媒体课件基础

多媒体课件在多媒体计算机辅助教学中普遍使用，是信息化教学的重要组成部分。多媒体课件直接应用于课堂教学中，可以生动形象地传授所学内容、增强教学效果、提高教学质量。本节对多媒体课件的相关概念、多媒体课件的分类、多媒体课件的开发过程做详细的阐述。

1.4.1 多媒体课件的相关概念

课件是指呈现教学内容、接受学习者的要求，以及回答、指导和控制教学活动的软件和有关的教学文档资料。简言之，课件就是具有一定教学功能的软件及配套的教学文档。教学特性和软件特性是课件的两大基本特性。

多媒体课件是指应用了多种媒体(包括文字、音频、图形、图像、视频和动画)技术的新型课件，它是以计算机为核心，交互地综合处理多种媒体信息的一种教学软件。教学特性、软件特性和多媒体特性是其基本特性。

与传统课件相比，多媒体课件突破了线性限制，以随机性、灵活性、立体化的方式把信息知识自然逼真地、形象生动地呈现给学习者，弥补了传统教学在直观感、立体感和动态感等方面的不足，其图文并茂的显示界面极大地改进和提高了人机交互能力。通过多媒体课件的帮助，教学人员传授的知识更容易被学习者所接受，可以将一些平时难以表述清楚的教学内容，如实验演示、情景创设、交互练习等生动形象地演示给学习者。而学习者的反馈信息也能及时被教学人员获取，学习者通过视觉、听觉等多方面参与，更好地理解和掌握教学内容，同时也扩大了学习者信息获取的渠道。

1.4.2 多媒体课件的分类

为适用不同的使用对象，传递不同的教学信息，达到不同的教学目标，实现不同的教学功能，多媒体课件大致可划分为以下 7 种类型。

(1) 教学演示型。此类课件利用文字、图片、图像、声音、视频和动画等形式，将所涉及的事物、现象和过程再现于课堂教学之中，或将教学过程按照教学要求逐步呈现给学习者。

(2) 个别引导型。此类课件按照具体的教学目标将知识分为许多相关知识点或多种教学路径，设计分支式的教学流程，根据学习者具体的反馈信息检查其掌握情况，从而决定学习者进入哪条路径学习新内容，或者是返回复习旧内容，该类多媒体课件根据学习者的具体进程对其进行引导，从而达到个别化教学的目的。

(3) 练习测试型。此类课件通过大量的练习与测试来达到学习者巩固已学知识和掌握基本技能的目的。它以问题的形式来训练强化学习者某方面的知识和能力，加深其对重点和难点知识的理解，提高学习者完成任务的速度和准确度。完整的练习测试型课件应有试题库、自动组卷、自动改卷和成绩分析等功能。

(4) 教学模拟型。此类课件利用计算机运算速度快、存储量大、外部设备丰富，以及信息处理的多样性等特点模拟真实过程，来表现某些系统的结构和动态行为，使学习者获得感性的印象。常用的教学模拟课件有实验模拟、情景模拟和模拟训练等形式，如模拟种子发芽和模拟汽车驾驶等。

(5) 协作学习型。此类课件依托计算机网络与通信技术，实现不同地域之间教授者与学习者的实时交流，或者是在学习者之间进行小组讨论、小组练习、小组课题等各种协作性学习，达到共同学习的目的。

(6) 资料工具型。此类课件包括各种电子工具书、电子字典及各类图形库、音频库、动画库、视频库等，不提供具体的教学过程，重点是其检索机制可供学习者在课外进行资料查阅，也可根据教学需要事先选定有关内容，配合教学人员讲解，在课堂上进行辅助教学。

(7) 教学游戏型。此类课件以游戏的形式呈现教学内容，为学习者构建一个富有趣味性和竞争性的学习环境，激发学习兴趣，通过让学习者参与一个有目的的活动，熟练使用游戏规则以达到某一特定的目标；把知识性、教育性和趣味性融为一体，并将知识的传授和技能的培养融于各种愉快的情境中。

另外，根据制作结构可将多媒体课件分为以下4种类型。

(1) 直线型课件。此类课件的最大特点是结构简单，整个课件流程如同一条直线自上而下运行，但使用起来不够灵活。

(2) 分支型课件。此类课件与直线型课件的最大区别在于课件结构为树状结构，能根据教学内容的变化和学习者的差异程度，对课件的流程进行有选择的控制执行。

(3) 模块化课件。此类课件是一种较为完美的课件结构，根据教学目的将教学内容中的某一部分或某一个知识点制作成一个个课件模块，教学人员可根据教学内容选择相应的课件模块进行教学。模块化课件可在运行过程中进行重复演示、后退、跳跃等操作。

(4) 积件型课件。此类课件是将各门学科的知识内容分解成一个个的标准知识点(积件)存储在教学资源库中。一个标准知识点(积件)可以看作阐述某一方面、某一课程教学单位，同时包含相关练习及呈现方式、相关知识链的一个完整的教学单元。积件型课件最大的优势在于它的继承性、开放性和可重复使用性。教学人员可以制作积件型课件，并添加到积件库供其他教学人员使用。

1.4.3 多媒体课件的开发过程

多媒体课件是一种多媒体教学应用软件，它具有软件的特性，因此多媒体课件制作应按照软件工程规范进行，这里简要介绍多媒体课件的开发过程。

1. 计划与分析

多媒体课件设计的第一个环节就是选择教学内容和教学范围，明确所要实现的目的和要达到的教学目标，确定所制作的课件适合哪类学习者使用；对教学内容、教学范围、教学目标、教学策略和教学对象结合进行分析；对课件的大体结构、主要模块和主要模块之间的相互联系进行初步设计，形成目标规划书。

2. 脚本设计

脚本是按照教学的思路和要求对课件的教学内容进行描述的一种形式，是目标规划书中教学过程的进一步细化，也是软件制作者开发课件的直接依据。

脚本设计的主要方法是把教学内容进行层次化处理，建立知识点之间的逻辑关系及其链接关系，具体地规定每个知识点上计算机向学习者传达的信息，从学习者那里得到信息后的判断和反馈，最后在脚本的基础上根据计算机媒体的特征与计算机的特点编排出课件程序。

3. 环境与工具

根据目标规划书和脚本设计确定多媒体课件运行的计算机软件、硬件环境和最佳多媒体课件开发工具，选用多媒体课件设计工具一般应从开发效率和运行效率两方面综合考虑。开发工具包括多媒体课件集成工具和各种多媒体素材的设计工具，如文本处理软件、图形图像处理软件、音频采集与处理软件、动画设计软件和视频编辑软件等。

4. 素材准备

根据脚本设计要求进行各种多媒体素材的收集整理和设计开发。素材的准备工作主要包括文本的录入、图形图像的制作与后期处理、音频动画的编制和视频的截取等。

5. 课件集成

利用选定的多媒体课件集成工具对各种素材进行编辑，按照已经确定的课件结构和脚本设计的内容将各种素材有机地结合起来。一个好的多媒体课件从整体布局到局部都要和谐自然，不可机械拼凑和粗制滥造。各种不同类型的素材应该变换使用，引导学习者积极地探索学习、接受训练，同时要注意素材主次分明，不可喧宾夺主。在课件集成开发过程中，要充分体现多媒体计算机的特点，做到界面美观舒适、操作方便灵活，以增强多媒体课件的交互性，提升多媒体课件的视听效果。

6. 测试与评估

从素材准备到课件集成开发的整个过程中，应随程序开发过程进行软件测试，以保证运行的正确性。在集成初步完成以后还要进行综合性测试，检查课件的教学单元设计、教学设计、教学目标等是否都已达到要求，对课件信息的呈现方式、交互性、教学过程控制、素材管理和在线帮助等进行评估。最好是多人进行独立测试，如果是开发商业性课件还可预先发布测试版，以获得用户对课件的客观评价，经过测试和试用对课件存在的问题进行修改，待完善以后方可正式发布。

1.5 习题

一、单项选择题

1. 下面属于感觉媒体的是( )。
   A. 颜色　　　　　　B. 补码　　　　　　C. ASCII　　　　　　D. 汉字内码
2. 多媒体计算机中的媒体信息是指( )。
   (1) 文字　　　　　　(2) 声音、图形
   (3) 动画、视频　　　(4) 图像
   A. (1)(3)　　　　　　B. (2)(4)　　　　　　C. (3)　　　　　　D. 全部
3. 在某大型房产展销会上，人们通过计算机屏幕参观房屋的结构，就如同站在房屋内一样，根据需要对原有家具移动、旋转、重新摆放其位置。这是利用了( )技术。
   A. 网络通信　　　　　B. 虚拟现实　　　　　C. 流媒体技术　　　　　D. 智能化
4. 构成位图图像的最基本单位是( )。
   A. 颜色　　　　　　B. 通道　　　　　　C. 图层　　　　　　D. 像素
5. 下列属于 Flash 文件格式的是( )。
   A. BMP　　　　　　B. GIF　　　　　　C. JPEG　　　　　　D. SWF
6. 为了使计算机能够听懂人类的语言所采用的技术是( )。
   A. 语音合成技术　　　　　　　　　　B. 语音识别技术
   C. 文语转换技术　　　　　　　　　　D. 模式识别技术
7. 多媒体技术未来发展的方向是( )。
   (1) 高分辨率、提高显示质量　　　　　(2) 高速度化，缩短处理时间
   (3) 简单化，便于操作　　　　　　　　(4) 智能化，提高信息识别能力
   A. (1)(2)(3)　　　　　B. (1)(2)(4)　　　　　C. (1)(3)(4)　　　　　D. 全部
8. 下面属于视频文件格式的是( )。
   A. JPG　　　　　　B. WAV　　　　　　C. AVI　　　　　　D. SWF
9. 下列选项中，( )不属于感觉媒体。
   A. 图像　　　　　　　　　　　　　　B. 香味
   C. 鸟声　　　　　　　　　　　　　　D. 字符 ASCII 码
10. 下面( )不是多媒体信息的特点。
    A. 大数据量　　　　　　　　　　　　B. 单数据流
    C. 集成性　　　　　　　　　　　　　D. 数据编码方式多样
11. 下列各组应用中( )不是多媒体应用。
    A. 计算机辅助教学　B. 视频会议　　C. 多媒体监测　　D. 电子邮件

12. 图形、图像在表达信息上有其独特的视觉意义,下面不属于其意义的是( )。
　　A. 能承载丰富而大量的信息　　　B. 能跨越语言的障碍增进交流
　　C. 表达信息生动直观　　　　　　D. 数据易于存储、处理

13. 在多媒体课件中,课件能够根据用户答题情况给予正确和错误的回复,突出显示了多媒体技术的( )。
　　A. 多样性　　　　B. 非线性　　　　C. 集成性　　　　D. 交互性

14. 多媒体计算机技术中的"多媒体",可以认为是( )。
　　A. 磁带、磁盘、光盘等实体
　　B. 文字、图形、图像、声音、动画、视频等载体
　　C. 多媒体计算机、手机等设备
　　D. 互联网、Photoshop

15. 下列属于矢量图形特点的是( )。
　　A. 放大后会失真　　　　　　　B. 由点阵组成
　　C. 无限放大都不会失真　　　　D. 缩小后会更清晰

二、判断题

1. 计算机只能加工数字信息,因此,所有的多媒体信息都必须转换成数字信息,再由计算机处理。( )
2. BMP 格式的图像转换为 JPG 格式,文件大小基本不变。( )
3. 能播放声音的软件都是声音加工软件。( )
4. 若自己的多媒体作品中部分引用了别人作品的内容,不必考虑版权问题。( )
5. 矢量图形放大后不会降低图形品质。( )
6. 在设计多媒体作品的界面时,要尽可能地多用颜色,使得界面更美观。( )
7. 位图图像的最大优点是容易进行移动、缩放、旋转和扭曲等变换。( )
8. 一幅位图图像在同一显示器上显示,显示器显示分辨率设得越大,图像显示的范围越小。( )
9. 多媒体计算机系统就是有声卡的计算机系统。( )
10. 虚拟现实不具备真实性的特点。( )

三、简答题

1. 什么是多媒体?
2. 多媒体技术中的主要媒体元素有哪些?
3. 什么是多媒体技术?什么是多媒体计算机?简述多媒体技术的主要特点。
4. 简述多媒体计算机系统的组成。
5. 试从身边的实例出发,谈谈多媒体技术的应用对人类社会的影响。
6. 谈谈你对未来多媒体技术发展的前景展望。

第 2 章

文本技术与应用

在各种媒体素材中，文本是最常见的素材。本章将介绍文本素材的获取与编辑、文本的设计、OCR 识别技术、PDF 文件处理和电子书的制作。

文本素材的处理离不开文字的输入和编辑。文字在计算机中的输入方法有很多，除了最常用的键盘输入以外，还可用语音识别输入、扫描识别输入和笔式书写识别输入等方法。目前，多媒体作品多以 Windows 为系统平台，因此准备文字素材时应尽可能采用 Windows 平台上的文字处理软件，如 Microsoft Office、写字板等。Windows 系统下的文字文件种类较多，如纯文本文件格式(.txt)、写字板文件格式(.wri)、Word 文件格式(.doc)等。

2.1 文本素材的获取与编辑

2.1.1 文本素材的获取

文本素材是指以文字为媒介的素材，主要有字母、数字和符号等形式。学习内容，如概念、定义、原理的阐述和问题的表达等，都离不开文本。文本是传递教学信息最重要的媒体元素。文本一般可分为纯文本和图形文本。

1. 纯文本的获取

(1) 键盘录入。这种方式就是利用文本编辑软件，用键盘将文字直接输入计算机。目前常用的文字处理软件有 Word、记事本等。键盘录入的输入出错率低，容易修改，不需要任何附加录入设备，但是费时费力。

(2) 扫描输入。当需要获取大量印刷品上已有的文字资料时，人们一般会利用扫描仪将印刷文稿转化为图像，再利用光学字符识别技术，对扫描得到的图像进行分析，对图像中的文字影像识别，转化为可编辑处理的文本文件并保存在计算机中，同时可对识别不正确的文本进行编辑修改。这种方法省时省力，与人工键盘录入相比更经济；缺点是不能建立新文本，因而必须有原文稿，最后还要靠人工进行核对编辑。

(3) 手写输入。手写识别输入系统是用笔在与计算机相连的一块书写板上写字，用压敏或电磁感应等方式将笔在运动中的坐标输入计算机，计算机中的识别软件根据采集到的笔迹之间的位置关系信息和时间关系信息来识别所写的字，并把结果显示在屏幕上。笔式手写识别系统必须在中文平台的支持下工作。正确识别率是手写输入系统的重要指标，字体不同或字迹潦草将影响系统的识别率。手写输入的优点是对录入者不要求掌握文字输入法，只要会写字即可。但由于要求录入者写字规范，还需要从很多的重码中选择，所以正确率不高，录入速度慢，因而只适合少量文本的输入。

(4) 语音输入。利用声音建立计算机文本应该是最自然、最方便的输入方式，只需要面对与计算机相连的话筒，将要输入的文字用规范的读音读出，由相应的软件将声音转换成文本文件保存起来。尽管语音输入具备不需学习汉字输入法、无须动手等特点，但由于语音识别率受到话筒质量、录入者的语音语调及节奏等因素的影响，正确识别率不高，因而，这种输入方式的使用率较低。但是随着技术的进步，语音输入的方式将越来越普及，现在很多手机已经支持语音输入短信的技术。

(5) 网上下载。网络是一个丰富的资源库，通过互联网可以方便地找到所需的文本素材，在不侵犯版权的情况下，可以直接将搜索到的内容保存为文本文件或将所需文字直接复制到文字编辑软件中进行编辑处理。

(6) 光盘调取。市场上有大量的光盘资源，里面承载着各式各样的教学资源，如百科全书等，通过直接调用光盘中的资源，也可以获取需要的文本素材。

2. 图形文本的获取

在图形文本软件中输入文本，可以将文本做成图形格式。其优点是可以对文字进行特殊效果处理，如渐变字、透视字、变形字、立体字等。教学信息资源开发时运用图形文本，显示时可不受字库、文本样式等因素的制约。常用的图形文本处理软件有 CorelDRAW、Photoshop、Fireworks、画笔等。

2.1.2 文本素材的编辑

Word 2010 是 Microsoft 公司开发的 Office 2010 办公组件之一，主要用于文本处理工作。它可以轻松、高效地组织和编辑文档。

1. Word 2010 基本操作

(1) 创建新文档。当启动 Word 2010 后，会自动打开一个新的空文档并暂时命名为"文档1"。可以用下列三种方法来创建新文档。

- 在"快速访问工具栏"上添加"新建"按钮，并单击该"新建"按钮。
- 执行"文件"|"新建"|"空白文档"命令可以新建一个空白文档。
- 直接使用快捷键 Ctrl+N。

(2) 打开文档。

① 打开已存在的文档：当要查看、修改、编辑或打印已存在的 Word 2010 文档时，首先应该打开它，打开一个或多个已存在的 word 2010 文档可以用下列三种方法。

- 在"快速访问工具栏"上添加"打开"按钮，并单击该"打开"按钮。
- 执行"文件"|"打开"命令。
- 直接使用快捷键 Ctrl+O。

② 打开最近使用过的文档：如果要打开最近使用过的文档，通过执行"文件"|"最近使用文件"将显示最近使用过的文档名，选择并单击它即可。

(3) 输入文本。在编辑窗口的左上角有一个闪烁着的黑色竖条光标叫插入点，它表明输入的字符将出现的位置。当输入文本时，插入点自左向右移动。

(4) 插入对象。

① 插入特殊符号。在输入文本时，可能要输入(或插入)一些键盘上没有的特殊符号，除了利用汉字输入法的软键盘外，Word 2010 还提供"插入符号"的功能。具体操作步骤如下：把插入点移动到要插入符号的位置，执行"插入"|"符号"组|"符号"命令|"其他符号"命令，将出现"符号"对话框，在选项卡中的"字体"下拉列表中选定适当的字体项，单击符号列表框中所需符号，单击"插入"按钮就可将所选择的符号插入到文档的插入点处，然后单击"关闭"按钮，关闭"符号"对话框。

② 插入文件对象。在 Word 2010 文档中还可以插入其他的 Word、Excel、PowerPoint 等文件对象，具体步骤如下：把插入点移动到要插入另一个对象的位置；执行"插入"|

"文本"组|"对象"命令,打开"对象"对话框;在"新建"选项卡中可以添加相应对象类型的新对象,在"由文件创建"选项卡中可以插入一个已经存在的文件对象,勾选"显示为图标"插入的对象还将以相应的图标进行显示,双击插入的对象,将调用创建此文件的应用程序进行编辑。

(5) 保存文档。保存文档的方法有如下三种。

> 单击"快速访问工具栏"中的"保存"按钮。
> 执行"文件"|"保存"命令。
> 直接使用快捷键 Ctrl+S。

(6) 设置密码。设置密码是保护文档的一种方法,设置密码的方法如下:执行"文件"|"信息"|"保护文档"|"用密码进行加密"命令,打开"加密文档"对话框,输入密码,再确认一次密码,单击"确定"按钮完成密码设置,以后打开此文档将需要密码才行。如果想要取消已设置的密码,可以按下列步骤操作:用正确的密码打开该文档,执行"文件"|"信息"|"保护文档"|"用密码进行加密"命令,打开"加密文档"对话框,然后删除"密码"栏中的所有内容,再单击"确定"按钮,这样就删除了密码,以后打开此文件时就不再需要密码。

(7) 限制编辑。将文件进行限制编辑的方法如下:执行"文件"|"信息"|"保护文档"|"限制编辑"命令,窗口中将出现"限制格式和编辑"窗格,勾选"仅允许在文档中进行此类型的编辑",在下拉列表中选择相应的内容,如"不允许任何更改(只读)",单击"是,启动强制保护"按钮,出现"启动强制保护"对话框,在对话框中设置密码,即可完成相应文档保护的设置。

2. Word 2010 文档的编辑

(1) 选定文本。

① 选定部分文本。如果要复制和移动文本的某一部分,则首先应选定这部分文本。可以用鼠标或键盘来实现选定文本的操作。利用键盘上的快捷键"Shift+光标移动键(就是上下左右的箭头键)",可以实现用键盘来选定文本。

② 选定整个文档:按住 Ctrl 键,将鼠标指针移到文档左侧的选定区单击一下。或者将鼠标指针移到文档左侧的选定区并连续快速三击鼠标左键。也可以执行"开始"|"编辑"组|"选择"|"全选"命令或直接按快捷键 Ctrl+A 选定全文。

(2) 插入文本。在插入方式下,只要将插入点移到需要插入文本的位置,输入新文本就可以了。插入时插入点右边的字符和文字随着新的文字的输入逐一向右移动;如在改写方式下,则插入点右边的字符或文字将被新输入的文字或字符所替代。利用键盘上的 Insert 键可在这两种方式之间切换。

(3) 删除文本。按 Delete 键可以删除插入点右边的文本,按 BackSpace 键可以删除插入点左边的文本。

删除几行或一大块文本的快速方法如下:首先选定要删除的那块文本,然后按 Delete 键或者 BackSpace 键。

(4) 移动文本。使用剪贴板移动文本的步骤如下：选定所要移动的文本，执行"开始"|"剪贴板"组|"剪切"命令，或按快捷键 Ctrl+X。此时所选定的文本被剪切掉并临时保存在剪贴板之中，将插入点移到文本拟要移动到的新位置，执行"开始"|"剪贴板"组|"粘贴"命令，或按快捷键 Ctrl+V。

(5) 复制文本。选定所要复制的文本，执行"开始"|"剪贴板"组|"复制"命令，或按快捷键 Ctrl+C。此时，所选定的文本的副本被临时保存在剪贴板之中，将插入点移到文本拟要复制到的新位置。与移动文本操作相同，此新位置也可以是在另一个文档上，执行"开始"|"剪贴板"组|"粘贴"命令，或按快捷键 Ctrl+V。此时，所选定的文本的副本就被复制到指定的新位置上了。

(6) 查找、替换。

① 常规查找：执行"开始"|"编辑"组|"查找"命令或按快捷键 Ctrl+F，打开"导航"任务窗格；输入要查找的内容，将会在文档中凸显需要查找的内容。也可以通过执行"开始"|"编辑"组|"替换"命令，或利用快捷键 Ctrl+H，打开"查找和替换"对话框；打开"查找"选项卡，在"查找内容"列表框中输入要查找的文本；单击"查找下一处"按钮开始查找；如果此时单击"取消"按钮，那么关闭"查找和替换"对话框，插入点停留在当前查找到的文本处；如果还需继续查找下一个，可再单击"查找下一处"按钮，直到整个文档查找完毕为止。

② 高级查找：在"查找和替换"对话框中，单击"更多"按钮。设置"搜索选项"或者"格式"后可快速查出符合条件的文本，比如能实现查找某种字体或颜色的文本等。

③ 替换文本："查找"还可以和"替换"配合对文档中出现的词或字进行更正。具体如下：执行"开始"|"编辑"组|"替换"命令，或利用快捷键 Ctrl+H，打开"查找和替换"对话框；打开"替换"选项卡，在"查找内容"列表框中输入要查找的内容，在"替换为"列表框中输入要替换的内容；单击"查找下一处"按钮开始查找；单击"替换"或者"全部替换"按钮，完成对找到的单个或者整体内容的替换。Ctrl+Z 是撤消的快捷键，Ctrl+Y 是恢复的快捷键，在文档编辑过程中，利用这两个快捷键可以快速实现对编辑操作的撤消或者恢复。

(7) 拆分窗口。执行"视图"|"窗口"组|"拆分"命令，窗口中出现一条灰色的水平线，移动鼠标调整窗口到合适的大小，单击鼠标左键确定。如果要把拆分了的窗口合并成一个窗口，那么单击"视图"|"窗口"组|"取消拆分"命令即可。

3. Word 2010 文档的排版

文字的格式主要指的是字体、字形和字号。此外，还可以给文字设置颜色、边框、加下划线或着重号、改变字间距等。

(1) 设置文字格式。通常利用"开始"|"字体"组中的"字体""字号""加粗""倾斜""下划线""字符边框""字符底纹"和"字体颜色"等按钮来设置文字的格式；还可以单击"字体"组右下角的"显示字体对话框"按钮，即可出现"字体"对话框来设置文字的格式。

用"字体"组设置文字格式的步骤如下：选定要设置格式的文本；单击"字体"列表框的下拉按钮，单击所需的字体，如"宋体"等；单击"字号"列表框的下拉按钮，单击所需的字号,如"五号"等;单击"颜色"按钮的下拉按钮,出现颜色列表框,从中选择所需的颜色选项;单击"加粗""倾斜""下划线""字符边框""字符底纹"等按钮,给所选的文字设置"加粗""倾斜"等格式。

(2) 设置字符间距。选定要改变字符间距的文本;单击"开始"|"字体"组右下角的"显示字体对话框"按钮,打开"字体"对话框;在"高级"选项卡的"间距"列表框中有标准、加宽和紧缩三种间距;在"位置"列表框中有标准、提升和降低三种位置;在"缩放"列表框中可选择缩放的百分比;设置后单击"确定"按钮。

(3) 复制、清除格式。

① 格式的复制,其操作步骤如下:选定已设置格式的文本;单击"开始"|"剪贴板"组|"格式刷"按钮,此时鼠标指针变为刷子形;将鼠标指针移到要应用该文本格式的文本开始处,拖动鼠标直到要应用该文本格式的文本结束处,释放鼠标左键就完成格式的应用。单击格式刷可以应用选定文本格式 1 次,双击格式刷可以将选定文本的格式应用多次。

② 格式的清除,其操作步骤如下:选定要清除格式的文本,执行"开始"|"样式"组|"样式下拉按钮"|"清除格式"。

(4) 设置段落边界。段落的左(右)边界是指段落的左(右)端与页面左(右)边距之间的距离。

① 用"段落"对话框设置段落边界:选定拟设置左、右边界的段落;单击"开始"|"段落"组右下角的"显示段落对话框"按钮,打开"段落"对话框;在"缩进和间距"选项卡中,单击"缩进"组下的"左侧"或"右侧"文本框右端的增减按钮,设定左右边界的字符数;单击"特殊格式"列表框的下拉按钮,选择"首行缩进""悬挂缩进"或"无",确定段落首行的格式;确认后单击"确定"按钮。

② 用鼠标拖动标尺上的缩进标记:使用鼠标拖动水平标尺上的缩进标记可以对选定的段落设置左、右、首行和悬挂缩进的格式。如果在拖动标记的同时按住 Alt 键,那么在标尺上会显示出具体缩进的数值。

(5) 设置段落对齐方式。用"段落"组设置对齐方式:在"开始"|"段落"组工具栏中,提供了"两端对齐""居中""文本右对齐""文本左对齐"和"分散对齐"几个对齐按钮,默认情况是"两端对齐"。设置段落对齐方式的步骤如下:先选定要设置对齐方式的段落,然后单击"段落"组工具栏中相应的对齐方式按钮即可。

2.1.3 文本素材的获取与编辑实例

【例 2.1】在 D:\Word 文件夹中创建文档,命名为"原始文档.docx",并完成如下操作。

(1) 输入文档:

"互联网+"

"互联网+"是创新 2.0 下的互联网发展的新业态,是知识社会创新 2.0 推动下的互联网形态演进及其催生的经济社会发展新形态。"互联网+"是互联网思维的进一步实践成果,推动经济形态不断地发生演变,从而带动社会经济实体的生命力,为改革、创新、发展提供广阔的网络平台。

通俗地说,"互联网+"就是"互联网+各个传统行业",但这并不是简单的两者相加,而是利用信息通信技术以及互联网平台,让互联网与传统行业进行深度融合,创造新的发展生态。它代表一种新的社会形态,即充分发挥互联网在社会资源配置中的优化和集成作用,将互联网的创新成果深度融合于经济、社会各领域之中,提升全社会的创新力和生产力,形成更广泛的以互联网为基础设施和实现工具的经济发展新形态。

(2) 设置标题为黑体三号字、加粗、居中;正文为宋体四号字、左对齐。

(3) 第一段设置为蓝色。

(4) 设置正文中所有段落首行缩进 2 字符、段前间距为 0.3 行、行间距为 20 磅。

(5) 将正文中所有的"互联网+"替换为网络时代。

(6) 将编辑后的文档另存为"编辑文档.docx"。

具体操作过程如下:

(1) 确认安装好 Office Word 2010,在 D:\Word 文件夹中创建文档,如图 2.1 所示,新建 Word 文档界面如图 2.2 所示。

图 2.1 创建 Word 文档

图 2.2 新建 Word 文档界面

(2) 单击"文件"菜单,选择"保存"命令,在弹出的对话框中输入文件名为"原始文档.docx",如图 2.3 所示。

图 2.3 命名文件为"原始文档.docx"

(3) 手动输入文档,如图 2.4 所示。

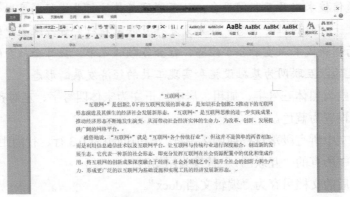

图 2.4　手动输入文档

(4) 将鼠标定位到标题处,按下 Ctrl 键后,单击鼠标选择整个标题,如图 2.5 所示。

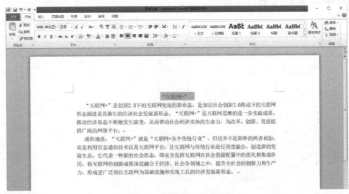

图 2.5　选择文档标题

(5) 单击"开始"菜单,分别选择"黑体""三号",如图 2.6 所示,然后单击"加粗"按钮和"居中"按钮,设置后的标题效果如图 2.7 所示。

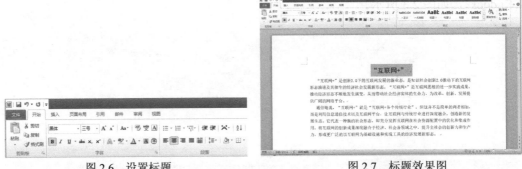

图 2.6　设置标题　　　　　　　　　　图 2.7　标题效果图

(6) 将鼠标定位到正文起始处,按下 Shift 键,分别在正文起始处和文末处单击鼠标,选择文档正文,如图 2.8 所示。

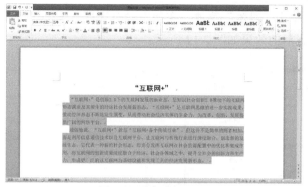

图 2.8　选择全部正文

(7) 单击"开始"菜单，分别选择"宋体(中文正文)""四号"，然后单击"两端对齐"按钮，设置后的正文效果如图 2.9 所示。

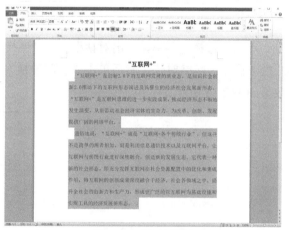

图 2.9　正文效果图

(8) 选择正文第一段，单击"开始"菜单，选择按钮，选择蓝色，如图 2.10 所示。

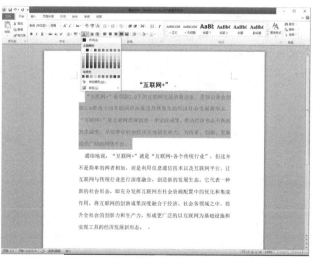

图 2.10　设置蓝色字体

(9) 选择正文，单击"段落"菜单，在弹出的对话框中设置"特殊格式"和"间距"，如图 2.11 所示，设置后的效果如图 2.12 所示。

图 2.11　设置段落　　　　　　　图 2.12　段落设置效果

(10) 选择全部正文，单击"替换"菜单，弹出对话框，在"查找内容"栏中输入："互联网+"，在"替换为"栏中输入：网络时代，然后单击"全部替换"按钮，如图 2.13 和图 2.14 所示，设置后的效果如图 2.15 所示。

图 2.13　替换对话框　　　图 2.14　替换结果对话框　　　图 2.15　替换后的效果

(11) 单击"文件"菜单，选择"另存为"命令，在弹出的对话框中选择路径"D:\Word 文件夹"，在"文件名"栏中输入"编辑文档.docx"，单击"保存"按钮，如图 2.16 所示。至此，完成了实例中的所有要求。

图 2.16　将文件另存为"编辑文档.docx"

2.2 文本设计

文本的主要功能是在视觉传达中向大众传达作者的意图和各种信息，要达到这一目的必须考虑文字的整体效果，给人以清晰的视觉印象。文本设计是根据文本在页面中的不同用途，运用系统软件提供的基本字体字形，使用图像处理和其他艺术字加工手段，对文本进行艺术处理和编排，以达到协调页面效果，更有效地传播信息的目的。很多平面设计软件中都有制作艺术汉字的引导，并提供了数十上百种的现成字体。

但设计作品所面对的观众始终是人脑而不是电脑，因此，在一些需要涉及人的思维的方面，电脑是始终不可替代人脑来完成的，例如创意、审美之类。

信息传播是文字设计的一大功能，也是最基本的功能。文字设计重要的一点在于要服从表述主题的要求，要与其内容吻合一致，不能相互脱离，更不能相互冲突，破坏了文字的效果。正确无误地传达信息，是文字设计的目的。抽象的笔画通过设计后所形成的文字形式，往往具有明确的倾向，文字的形式感应与传达内容是一致的。

1. 设计风格

(1) 秀丽柔美：字体优美清新，线条流畅，给人以华丽柔美之感。这种类型的字体适用于女性化妆品、饰品、日常生活用品、服务业等主题。

(2) 稳重挺拔：字体造型规整，富于力度，给人以简洁爽朗的现代感，有较强的视觉冲击力。这种类型的字体适合于机械、科技等主题。

(3) 活泼有趣：字体造型生动活泼，有鲜明的节奏韵律感，色彩丰富明快，给人以生机盎然的感受。这种类型的字体适用于儿童用品、运动休闲、时尚产品等主题。

(4) 苍劲古朴：字体朴素无华，饱含古时之风韵，能带给人们一种怀旧感。这种类型的字体适用于传统产品、民间艺术品等主题。

2. 设计原则

(1) 提高文字的可读性：文字的主要功能是在视觉传达中向大众传达作者的意图和各种信息，要达到这一目的必须考虑文字的整体诉求效果，给人以清晰的视觉印象。因此，设计中的文字应避免繁杂零乱，应使人易认、易懂；切忌为了设计而设计，忘记了文字设计的根本目的是更好、更有效地传达作者的意图，是表达设计的主题和构想意念。

(2) 文字的位置应符合整体要求：文字在画面中的安排要考虑到全局的因素，不能有视觉上的冲突，否则在画面上主次不分，很容易引起视觉顺序的混乱。同时，作品的整个含义和感觉很可能会被破坏，这是一个很微妙的问题，需要用户去体会。不要指望计算机能帮你安排好，它有时会帮倒忙。细节地方也一定要注意，如 1 像素的差距有时候会改变整个作品的味道。

(3) 在视觉上应给人以美感：在视觉传达的过程中，文字作为画面的形象要素之一，具有传达感情的功能，所以它必须具有视觉上的美感，能够给人以美的感受。字形设计良好、组合巧妙的文字能让人感到愉快，给人留下美好的印象，从而获得良好的心理反应。反之，则使人看后心里不愉快，视觉上难以产生美感，甚至会让观众拒而不看，这样势必很难传达出作者想表现出的意图和构想，反而起到相反的结果。

3. 设计应用

文本设计的与众不同的个性，以及独具特色的视觉感受，使其在广告创意、书籍封面、标志设计、多媒体、空间环境等各个领域广泛应用，图 2.17 为吉林师范大学的校标。文本设计的表现力和感染力，能够把相关内容准确鲜明地传达给大众。

好的文本设计还可以配合平面设计软件，如 Photoshop、CorelDRAW、Illustator、Fireworks、AutoCAD、PageMaker、方正飞腾排版软件等。

图 2.17　吉林师范大学校标

2.3　OCR 识别技术

OCR(Optical Character Recognition，光学字符识别)是指电子设备(例如扫描仪或数码相机)检查纸上打印的字符，通过检测暗、亮的模式确定其形状，然后用字符识别方法将形状翻译成计算机文字的过程。即针对印刷体字符，采用光学的方式将纸质文档中的文字转换成为黑白点阵的图像文件，并通过识别软件将图像中的文字转换成文本格式，以供文字处理软件进一步编辑加工的技术。衡量 OCR 系统性能好坏的主要指标有拒识率、误识率、识别速度、用户界面的友好性、产品的稳定性、易用性及可行性等。

目前比较流行的 OCR 软件主要有汉王文豪 7600、尚书七号、慧视、ABBYY FineReader 12 等，这些软件各有自己适宜的识别对象。就普通简体中文和英文文件而言，这些软件大都能轻松胜任。

汉王文豪 7600 是北京汉王科技股份有限公司为其扫描仪"汉王文本王——文豪 7600"配备的软件，结合其扫描仪使用，效果最为理想，但也可以单独使用。该软件批量识别速度快，容量大，繁体字识别能力差强人意，用户可以添加它不能识别的字体。该软件还有屏幕摘抄功能。汉王文豪 7660 在屏幕识别、数码照片、CAJ、PDF 等电子图片识别方面性能有所提升。

尚书七号是上海中晶科技有限公司为其生产的扫描仪配备的文字识别软件，其核心技术来自汉王公司，但性能不如汉王的文豪 7600。它能识别 GBK 汉字及一百多种字体，支持多种字体混排，识别结果的保存可以选择 TXT、RTF、HTML、XLS 等格式。缺点是繁体识别率低，竖排版式的繁体更是难以胜任。

慧视是北京文通公司设计的软件，主要用于识别移动数码设备所获图像中的文字，其识别变形、光线不均、字迹模糊、带有背景图案的文字图像的能力更是出类拔萃，有良好的识别率。该软件还有"屏幕识别"功能，可识别网页上禁止复制的文字。

ABBYY FineReader 12 是俄罗斯软件公司开发的一款 OCR 光学字符识别软件。通过使用 ABBYY FineReader 12，用户可以轻松地将纸质文本、PDF 文件和数码相机的图像进行识别扫描，转换成可编辑的格式。与其他同类软件相比，ABBYY FineReader 12 的优势在于其准确率高达 99.8%，并且识别转换速度非常快。

OCR 软件的使用步骤基本上是相同的，即打开图像文件，选择识别文字，选择版式，分析版面，开始识别，校对识别结果，输出识别结果。需要注意的是，识别对象有什么语言就选择什么语言，少选或多选都会影响识别率。

下面我们介绍一下 ABBYY FineReader 12 软件的使用，其任务窗口界面如图 2.18 所示。

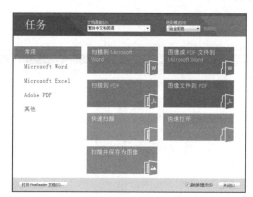

图 2.18　ABBYY FineReader 12 软件任务窗口界面

1. 转换文档预处理

（1）在"任务"窗口中，左边选项卡的介绍如下："常用"列出了最常用的 ABBYY FineReader 任务；Microsoft Word 列出了将自动化文档转换为 Microsoft Word 的任务；Microsoft Excel 列出了将自动化文档转换为 Microsoft Excel 的任务；Adobe PDF 列出了将自动化文档转换为 Microsoft PDF 的任务；"其他"列出了将文档自动化转换为其他格式的任务。

（2）在"文档语言"下拉列表中选择文档的语言。

（3）在"色彩模式"下拉列表中选择文档的色彩模式：全彩色保留了文档颜色，黑白将文档转换为黑色和白色，这可减少文档大小并加快处理速度。

当文档转换为黑白之后，就不能恢复彩色。要获取彩色文档，用户可以扫描彩色的纸质文档或打开带有彩色图像的文件。

（4）单击"任务"窗口上任务的相关按钮以启动该任务。启动任务时，将会使用选项

对话框(选择"工具"|"选项",以打开该对话框)中当前选择的"选项"。运行任务时,将会显示任务进度窗口,指示当前步骤和提示及程序发出的警告,如图 2.19 所示。

图 2.19　ABBYY FineReader 12 软件转换文档预处理

执行任务后,将会发送图像至 FineReader 文档以进行识别,然后以用户选择的格式进行保存。用户可以调整程序检测区域、验证识别文本,并以任何其他受支持的格式保存结果。用户可以在 ABBYY FineReader 主窗口中设置并启动任何处理步骤。

2. 文档转换过程

转换过程如图 2.20 所示,具体操作如下。

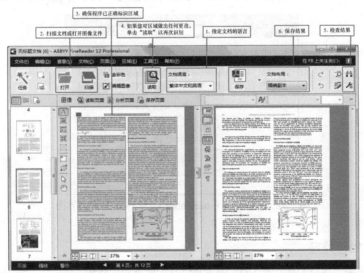

图 2.20　ABBYY FineReader 12 软件转换文档过程

(1) 在主工具栏上,从"文档语言"下拉列表中选择文档语言。

(2) 扫描页面或打开页面图像。默认情况下,ABBYY FineReader 会自动分析并识别"扫描"或"打开"的页面,可以在"选项"对话框(选择"工具"|"选项",打开该对话框)中的"扫描/打开"选项卡上更改此默认行为。

(3) 在图像窗口,查看检测区域并执行必要的调整。

(4) 如果调整了任何检测区域,在主工具栏上单击"读取"以再次识别。

(5) 在"文本"窗口,查看识别结果并执行必要的修正。

(6) 在主工具栏上单击"保存"按钮右边的箭头,并选择保存格式;或在"文件"菜单上单击"保存"命令。

3. 分析文档和调整检测区域

ABBYY FineReader 会在读取前分析页面图像，并检测图片上不同类型的区域，如"文本""图片""背景图片""表格"和"条形码"。程序通过该分析来确定识别区域和顺序，此信息还可用于重建文档的原始格式。默认情况下，ABBYY FineReader 将会自动分析新添加的页面。但是，对于布局复杂的页面，如果程序未能正确识别，则需要调整检测区域，这通常比手绘所有区域更为实用。绘制和调整区域的工具可以在"图像"窗口中找到，同时也出现在"文本""图片""背景图片""表格"区域的弹出工具栏中。单击该区域以显示弹出工具栏。区域工具可用于添加或移除区域、更改区域类型、移动区域边界或整个区域、添加或移除区域的矩形部分、将区域重新排序。调整区域之后，请再次识别该文档。

2.4 PDF 文件处理

PDF(Portable Document Format，便携式文档格式)，是由 Adobe Systems 用于与应用程序、操作系统、硬件无关的方式进行文件交换所发展出的文件格式。PDF 文件以 PostScript 语言图像模型为基础，无论在哪种打印机上都可保证精确的颜色和准确的打印效果，即 PDF 会忠实地再现原稿的每一个字符、颜色及图像。

PDF 文件不管是在 Windows、UNIX、还是 Mac OS 操作系统中都是通用的。这一特点使它成为在 Internet 上进行电子文档发行和数字化信息传播的理想文档格式。越来越多的电子图书、产品说明、公司文告、网络资料、电子邮件在使用 PDF 格式文件。

PDF 具有许多其他格式的电子文档无法相比的优点。PDF 文件可以将文字、字形、格式、颜色及独立于设备和分辨率的图形图像等封装在一个文件中。该格式文件还可以包含超文本链接、声音和动态影像等电子信息，支持特长文件，集成度和安全可靠性都较高，并给读者提供了个性化的阅读方式。

用户可以在主流操作系统上通过使用 Foxit PDF Creator、Foxit Phantom 及 Adobe Acrobat、Adobe Reader 等 PDF 阅读器创建或阅读 PDF 文件。iOS 和 Android 等智能手机系统则可以使用 PDF Markup Cloud、PDF Reader、PDF Reader、PDF 大师等 PDF 阅读软件。下面主要介绍 Adobe Reader XI 软件的使用，其操作界面如图 2.21 所示。

1. Adobe Reader XI 软件菜单项

在 Adobe Reader XI 软件中包含 "文件""编辑""视图""窗口""帮助"菜单项，其中"文件"菜单包含 "打开""另存为""另存为其他""打印"等常用选项；"编辑"菜单项中包含"撤消""重复""剪切""复制""粘贴""删除""全部选定""全部不选""拍快照""查找""高级搜索""保护""首选项"等功能选项；"视图"菜单项中包含"旋转视图""页面导览""页面显示""缩放""工具""注释""全屏模式""追踪器"等功能选项。在 Adobe Reader XI 软件中还包含"工具""填写和签名""注释"等操作菜单，在这些操作菜单项中可以对 PDF 文件进行创建、编辑、合并、添加文本、添加勾形、放置签名、进行批注等操作。Adobe Reader XI 软件主要功能菜单的设置界面如图 2.22 和图 2.23 所示。

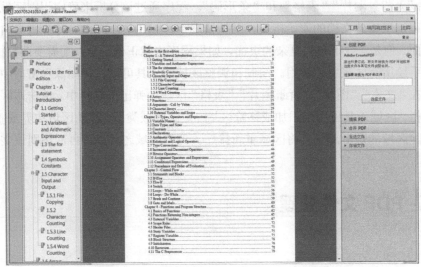

图 2.21　Adobe Reader XI 软件操作界面

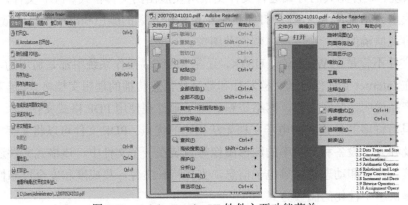

图 2.22　Adobe Reader XI 软件主要功能菜单

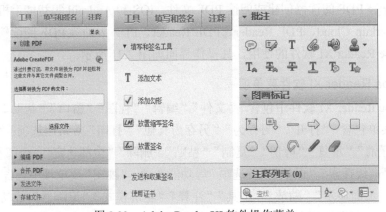

图 2.23　Adobe Reader XI 软件操作菜单

2. 阅读 PDF 文档

使用 Adobe Reader 阅读 PDF 文档的操作步骤如下：

(1) 单击工具栏的"打开"按钮 ，在弹出的"打开"对话框中选择要打开的 PDF 文档，并单击"打开"按钮。

(2) 利用工具栏上的"页面显示"按钮调整页面的显示比例和调整"实际大小""缩放到页面级别""适合宽度""适合可见"等，设置页面如图 2.24 所示。

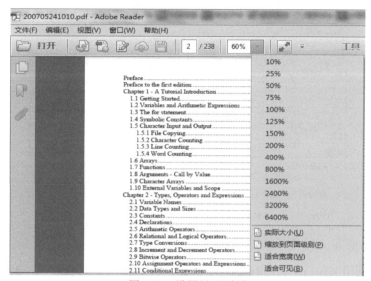

图 2.24　设置显示页面

3. 截取 PDF 文档中的文字、图片

(1) 截取文字：当鼠标定位在文档的文字部分时，将变成竖线光标，选中需要截取的文字；在被选中的文字高亮显示时，右击弹出快捷菜单，如图 2.25 所示，在菜单中选择相应的命令即可。如果需要选择文档中的所有文字，可以选择"编辑"菜单中的"全部选择"命令，然后再选择相应的操作。

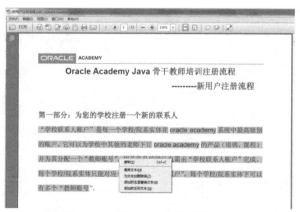

图 2.25　截取 PDF 文档中的文字

(2) 截取图片：当鼠标定位在文档的图片部分时，将变成一个十字形光标；选择需要截取的图片，出现"复制图像"按钮；单击该按钮，即可将截取的图片粘贴到其他文档中，如图 2.26 所示。

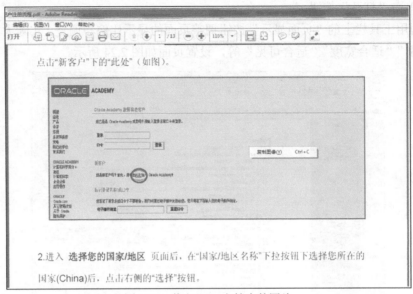

图 2.26　截取 PDF 文档中的图片

【例 2.2】利用 ABBYY FineReader 12 软件，将 PDF 文件转换成 Word 文档。

(1) 打开 ABBYY FineReader 12 软件，如图 2.27 所示。

(2) 打开"任务"菜单，在具体任务项中选择"图像或 PDF 文件到 Microsoft Word"，如图 2.28 所示。

(3) 在弹出的对话框中选择需要转换的 PDF 文件，本例中以《B/S 模式下的成人高等教育管理体系初探》文章为例，"文档语言"选择"简体中文和英文"，如图 2.29 所示。

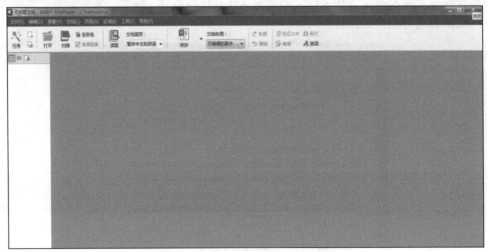

图 2.27　ABBYY FineReader 12 初始界面

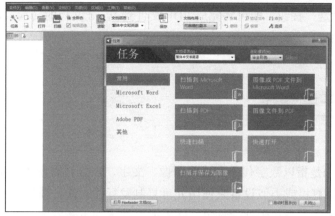

图 2.28　ABBYY FineReader 12 任务菜单

图 2.29　导入 PDF 文件

（4）至此，界面被分成了 3 个主要部分，分别是导入的 PDF 文件、转换后的 Word 文档、对应的编辑区域，如图 2.30 所示。

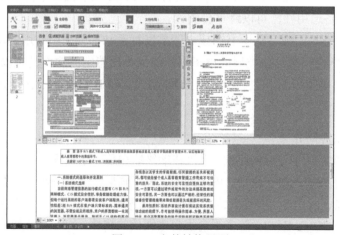

图 2.30　文件转换界面

(5) 单击"发送"按钮，即可将完成 PDF 文件到 Word 文档的转换，用户可以在 Word 中根据实际需要编辑文本。

2.5 电子书制作

电子书(ebook)是指以数字代码方式将图像、文字、声音、影像等信息存储在磁、光、电介质上，通过计算机或类似设备来使用并可复制发行的大众传播媒介。其类型有电子图书、电子期刊、电子报纸和软件读物等。随着网络技术的不断发展，书籍的无纸化阅读已经成为一种潮流。在网络上，各种格式的电子书随处可见。与传统图书相比，电子书具有传播面广、传播速度快、更新速度快和阅读成本低等优点。通过计算机阅读电子书，不必去图书馆，更不用去书店，足不出户就可以读到想看的书籍。

1. 常见的电子书格式

电子书的格式众多，各个公司和机构采用的电子书格式各不相同，下面就为大家简单介绍一下电子书格式及对应的阅读软件。

电子书的格式可分为通用式和专用式两大类。通用式电子书的使用最为普遍，一般无须专门阅读工具软件；专用式电子书则是某个公司或网站专用的电子书格式，一般需要使用专用的阅读工具软件才能阅读。

(1) 通用式：通用式电子书是指目前普及率和认知度已经很高的文本格式的电子书。例如，TXT(记事本)、HTML(网页文本)、CHM 和 HIP(这两个都是帮助文件形式)格式等都是 Windows 系统中自带的文件格式，用户无须安装任何软件即可直接打开阅读。另外也有一些网站或个人，使用电子书制作软件制作出的电子书是 EXE 格式的，也就是可执行的文件，同样无须任何软件就可以打开阅读。但要注意，CHM 和 EXE 格式都有平台的限制，也就是说一般只有在 Windows 系统下才能运行，在 PDA 或手机等平台下无法打开。而 TXT 和 HTML 格式具备通用性，可以跨平台阅读。

(2) 专用式：正规的数字化图书馆或电子书发行网站都会采用专用的电子书文件格式，在网络上大家经常会下载这些类型的电子书，如果不用特定的软件是难以打开的。下面是几种影响比较大、使用比较广泛的格式：PDG 格式、CEB 格式、CAJ 格式、WDI 和 WDF 格式。

2. iebook 软件简介

iebook 是一款融入了互联网终端、手机移动终端和数字电视终端三维整合传播体系的专业电子杂志、电子相册、电子商刊、电子期刊、电子画册、电子书及电子课件制作软件及推广系统；在移动互联网平台上打通多终端渠道，是国内唯一一家能让用户在 PC、iPhone、iPad、Android、Kindle、SONY Reader 等多平台上自由阅读的软件。iebook 系列软件经过广泛应用和复杂化环境的检测,在安全性、稳定性、易用性方面具有较高的声誉,受到一致推崇。iebook 以影音互动方式的全新数字内容为表现形式,集数码杂志发行、派送、自动下载、分类、阅读、数据反馈等功能于一身,是较具规模的互动电子发行平台。

　　iebook 将音频、视频、交互性能等数字内容表现形式通过电子杂志呈现在网民面前,彻底颠覆了平面杂志的阅读习惯。iebook 不同于一般意义上的软件,一方面,iebook 将软件概念弱化,安装阅读软件、注册、登录、杂志下载,简单的 4 个步骤即可享受电子杂志带来的视听乐趣,减少用户在使用中的进入步骤;另一方面,iebook 实现了网站与软件的互通,用户可直接通过软件实现杂志的下载、阅读及订阅,使用户在不经意间通过 iebook 软件强大的功能实现阅读。iebook 软件所带来的这一互动的杂志表现形式已经吸引了众多传统媒体的关注。

　　(1) 下载安装 iebook。登录 iebook 超级精灵官方网站下载 iebook 软件,在官方网站首页单击"我要免费下载"即可下载软件。双击下载好的 iebook 软件程序 ,单击下一步进行软件安装,选择好路径,直到完成,如图 2.31 所示。

图 2.31　iebook 超级精灵安装完成界面

　　(2) 界面简介。在 iebook 超级精灵电子杂志软件界面中,iebook 提供了多种组件风格供用户选择,如果都不如意,用户还可以选择"自定义 iebook 尺寸",如图 2.32 所示。

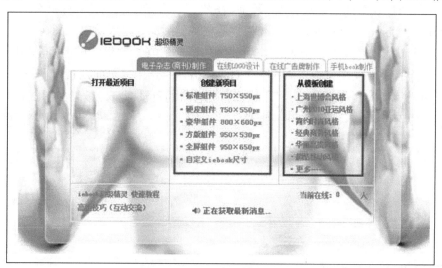

图 2.32　iebook 超级精灵首界面

标准组件界面介绍如图2.33所示。

图2.33　iebook超级精灵标准组件界面

(3) 制作概要。在制作前一定要事先找好相关的图文影音资料，而且要理清思路、做好规划，具有简单的图片处理能力与一定的审美能力。iebook超级精灵软件操作非常简单，基本上都是以替换元素为主；可扩展性强，专业人员可以自制Flash动画、特效、模板、图文、视频、音乐等插入到iebook软件里，效果非常精美。

编辑杂志的顺序可以随意。首先介绍如何替换杂志的封面、封底。由于替换电子杂志封底方法与封面相同，此处仅对替换封面进行介绍。选中"页面元素"列表框内"封面"页面，在"属性"面板页面背景下拉菜单中选择"使用背景文件"；单击"..."图标，选择"更改图片"选项，选择封面文件大小，单击"应用"，封面替换完毕。选中"封面"激活插入菜单，还可以在封面上添加特效、装饰、图片、动画、视频等元素。封面支持导入*.swf、*.jpg、*.png、*.bmp、*.flv视频；*.im模板等格式。封面、封底效果如图2.34所示。

封面与封底制作完成后，开始制作版面页。无论是电子杂志、电子期刊或电子课件都必须要有一个目录，现在为杂志插入一个目录。方法：选中"页面元素"里的"版面1"，然后直接单击"插入"菜单|"目录"，选择自己喜欢的目录即可，效果如图2.35所示。

 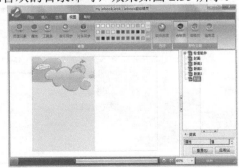

图2.34　iebook超级精灵替换封面、封底

文本技术与应用

图 2.35　iebook 超级精灵制作目录页

"目录模板"插入编辑完后，用户可以继续插入"组合模板""图文""文字模板""多媒体""装饰""特效""Flash 动画"等元素来丰富电子杂志、电子期刊、电子画册或电子相册内容。插入上述元素后还可以选择再添加更多的版面进去编辑，方法：执行"开始"|"添加页面"|"多个页面"命令，然后输入页数即可，建议不要输入太大。制作内页的方法与制作目录页的方式一致，选择自己喜欢的内容即可。

最后，只需要生成电子杂志文件就可以在本地阅读自己精心制作的第一电子杂志了。方法：在"生成"菜单下面单击"生成 EXE 杂志"，设置相关信息和保存路径，如图 2.36 所示。单击"确定"后即可生成.exe 电子杂志，然后单击"打开文件夹"或"打开"即可观看自己生成的电子杂志。

图 2.36　iebook 超级精灵生成电子图书

2.6 习题

一、选择题

1. 下列应用中，使用了光学字符识别(OCR)技术的是(　　)。
   A. 用视频监控系统监测景区内游客拥堵情况
   B. 在文字处理软件中通过语音输入文字
   C. 某字典软件通过拍摄自动输入英语单词，并显示该单词的汉字解释及例句
   D. 用数码相机拍摄练习题并通过QQ以图片方式发送给同学，与同学交流解题技巧

2. 将干净书籍中的15页包括文字、图片、表格的内容录入到计算机中，最合适的方法是(　　)。
   A. 用键盘手工录入　　　　　　　　B. 用语音识别技术录入
   C. 用扫描仪及OCR软件识别录入　　D. 用自动翻译软件

3. 用OCR软件将图像中的文字识别成文本后，为保证文本内容的正确，应对识别后的文本进行(　　)。
   A. 划分区域　　B. 扫描　　C. 删除所有内容　　D. 校对

4. 将扫描件扫描成电子图像输入电脑，用OCR软件进行识别，获得文本信息。下列一般能作为这种扫描件的是(　　)。
   A. 一张报纸　　B. 一段动画　　C. 一段音频　　D. 一段视频

5. OCR软件可以实现的功能是(　　)。
   A. 将印刷品转换成数字图像　　　　B. 将文本转换为图像
   C. 翻译图像中的英文　　　　　　　D. 识别图像中的字符

6. 将杂志上刊登的一篇文章扫描后，能通过OCR软件和文字处理软件处理保存在计算机，对此处理过程及所获取的信息叙述正确的是(　　)。
   A. 计算机中的信息可以复制，因此只有计算机中的信息才具有共享性
   B. 信息可以通过多种技术手段进行加工和处理
   C. 文章保存到计算机后，由于载体发生改变，信息也会随之发生改变
   D. 可以把扫描后获得的稿件以自己的名义向其他杂志重新投稿

7. OCR软件的功能是将一幅图像上的文字，识别成TXT文本文件中的文字，常见的被识别图像有TIF、JPG等。使用OCR软件进行文字识别，识别对象与识别结果如下图所示：

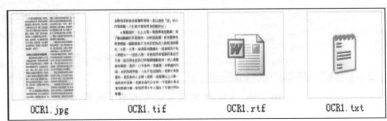

其中可能为识别结果文件的是(　　)。
   A. OCR1.jpg，OCR1.tif
   B. OCR1.jpg，OCR1.rtf
   C. OCR1.tif，OCR1.txt
   D. OCR1.rtf，OCR1.txt

8. 使用 OCR 软件进行文字识别，部分界面如下图所示：

则下列说法正确的是(　　)。
   A. 识别对象为 Yunnan.tif，识别结果保存在 Yunnan.TXT 中
   B. 识别对象为 Zhejiang.TXT，识别结果保存在 Yunnan.tif 中
   C. 区域①中显示的是 Yunnan.tif 的内容
   D. 区域②中显示的是 Yunnan.TXT 的内容

9. 使用 OCR 软件进行文字识别，部分界面如下图所示：

则下列说法正确的是(　　)。
   A. 单击区域③中的文字"天"，区域①中的"夭"字将变成"天"字
   B. 单击区域③中的文字"夭"，区域②中的"天"字将变成"夭"字
   C. 当前正在进行划分区域操作
   D. 当前正在进倾斜校正操作

10. 使用 OCR 软件进行文字识别，部分界面如下图所示：

则下列说法正确的是(　　)。
   A. 区域①中可直接输入文字进行修改
   B. 单击区域②中的文字"来"，区域①中的文字"宋"将变成"来"
   C. 单击区域①中的文字"宋"，区域③中的文字"来"将变成"宋"
   D. 单击区域③中的文字"宋"，区域②中的文字"来"将变成"宋"

11. 小华使用 OCR 软件进行字符识别，操作界面如下图所示：

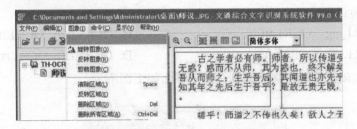

若要取消已划分区域，可以使用的命令是（　　）。

  A. 删除区域   B. 清除区域   C. 反转图像   D. 剪裁图像

12. 某用户在 Word 文档中输入文字，部分界面如下所示：

该用户采用的文字输入方式为（　　）。

  A. 联机手写   B. 脱机手写   C. 语音录入   D. OCR 识别

13. 某用户使用金山快译软件的界面如下图所示：下列对于当前使用状态的描述正确的是（　　）。

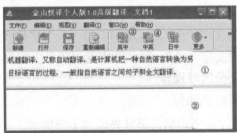

  A. 区域①中显示的是翻译结果

  B. 区域②中显示的是需要翻译的内容

  C. 单击③处按钮，区域②中将显示区域①中文本对应的 GBK 编码

  D. 单击④处按钮，区域②中将显示区域①中文本对应的英文

二、填空题

1. OCR 软件的功能是将一幅图像上的文字识别成 TXT 文本文件中的文字。常见的被识别图像有（　　）、（　　）等。

2. OCR 技术是主要研究（　　　　　）的技术。

3. OCR 系统涉及（　　）、（　　）、（　　）等众多领域。

4. 一个 OCR 系统可分为 3 个部分：（　　）、（　　）、（　　）。

5. 创建 PDF 表单，在选择表单域的单选钮后，取消对单选钮选择的操作是（　　）。

6. 创建 PDF 文档，（　　）文件可通过选中文件后单击鼠标右键，在弹出的快捷菜单中选择"转换为 Adobe PDF"的命令来转换为 PDF。

7. 电子书制作指为了满足手机用户对电子书的阅读，把普通的电子文档进行（　　）、（　　）、（　　）的过程。

8. 常见的电子书格式为（　　）、（　　）、（　　）这三种。

9. pdf 是由 Adobe Systems 用于与（　　）、（　　）无关的方式进行文件交换所发展出的文件格式。

10. PDF 文件以（　　）图像模型为基础。

11. 可移植文档格式是一种（　　）格式。

12. PDF 文件结构主要可以分为四个部分：（　　）、（　　）、（　　）、（　　）。

13. OCR 文字识别软件可以把图片转换成（　　）。

14. OCR 文字识别软件支持（　　）、（　　）、（　　）、（　　）、（　　）等图片格式。

15. OCR 的中文名叫（　　）。常见的专业 OCR 软件有（　　）、（　　）、（　　）和（　　）。

三、简答题

1. OCR 包括哪些技术内容？
2. 文本素材的获取方式有哪些？
3. 文本处理的主要内容包括哪些方面？常用的文本处理软件有哪些？
4. 采用扫描仪+OCR 识别输入法，将纸质文件转换为电子文档，需要经过哪几个步骤？
5. 影响 OCR 文字识别软件的主要因素有哪些？

第3章

数字音频技术与应用

声音是数字媒体技术的一个重要内容。声音的类型多种多样，例如人的说话声、乐器的声响、动物的叫声、机器产生的声音，以及自然界的雷声、风声、雨声等。在使用计算机处理这些声音时，要根据不同声音的频率范围采用不同的处理方式。

随着语音识别、语音合成技术的逐渐成熟和广泛应用，数字音频处理技术在音频数字化、语音处理、合成及识别等各个方面都占有十分重要的地位。

3.1 数字音频基础

声音根据其内容可以分为语音、音乐和音响3类。语音是语言的物质载体,是社会交际工具的符号,它包含了丰富的语言内涵,是人类进行信息交流特有的形式。多媒体技术中主要研究的是语音和音乐符号。

3.1.1 音频的基本概念

声音是通过空气传播的一种连续的波,即声波。产生声波的物体称为声源(如人的声带、乐器等),声波所及的空间范围称为声场。人所能听到的声音信号频率范围为20Hz～20kHz,这也是我们熟知的音频信号范围。利用计算机可以将模拟音频信号进行采样和量化处理,转化为数字声音信号,最终以音频文件(WAV)的形式存储于计算机磁盘中。

影响数字音频质量的因素主要有以下几种:采样频率、量化位数和声道数。

(1) 采样频率:表示每秒内采样的次数,单位为Hz,将模拟音频转换为数字音频时,每隔一个固定的时间间隔对声音波形曲线的振幅都进行一次取值。常用的采样频率为11.05kHz、44.1kHz、22.05kHz。原则上采样频率越高,声音质量越好。

(2) 量化位数:把采样后连续取值的每个样本转换为离散值表示,在模拟信号转换数字信号的过程时,量化后的样本用二进制数来表示,二进制位数即为量化位数。目前常用的量化位数有16位和32位等。

(3) 声道数:指所使用的声音通道的个数。声道数可以是1或2。当声道数为1时,表示是单声道,即声音只有1路波形;当声道数为2时,表示是双声道数,即声音有2路波形。双声道的声音比单声道的声音更丰满优美,有立体感,但文件所占的存储空间更大。

数字音频的数据量指在一定时间内声音数字化后对应的字节数。数据量由采样频率、量化位数、声道数和规定时间所决定。例如,数字激光唱盘(CD-DA)的标准采样频率为44.1kHz,量化位数为16位,立体声。一分钟CD-DA音乐所需的数据量为 $44.1 \times 1000 \times 16 \times 2 \times 60/8/1024 = 10336$KB。激光唱盘CD的采样频率为44.1kHz,量化位数为16位,双通道立体声,则1秒的音频数据量为176.4KB,一个650MB的光盘仅能存储不足60分钟的音频数据。

3.1.2 音频音质与数据量

数字化音频的质量主要取决于采样频率和量化位数这两个重要参数,反映音频数字化质量的另一个因素是通道(或声道)个数。记录声音时,如果每次生成一个声波数据,称为单声道;每次生成两个声波数据,称为立体声(双声道),立体声更能反映人的听觉感受。音频数字化的采样频率和量化级越高,结果越接近原始声音。除此之外,数字化音频的质量还受其他因素(如扬声器的质量等)的影响。为了在时间变化方向上取样点尽量密,取样频率要高，在幅度取值上尽量细，量化比特率要高，直接的结果就是存储容量及传输信道容量面临巨大的压力。

根据声音采样的频率范围，通常把声音的质量分成 5 个等级，由低到高分别是电话、调幅广播(AM)、调频广播(FM)、光盘(CD)和数字录音带(Digital Audio Tape，DAT)。在这 5 个等级中，使用的采样频率、样本精度、声道数和数据率如表 3.1 所示。

表 3.1 声音等级的相关数据信息

质 量	采样频率(kHz)	样本精度(bit/s)	单声道/立体声	数据率(未压缩)(kbit/s)	频率范围(Hz)
电话	8	8	单声道	8	200~3400
AM	11.025	8	单声道	11.0	20~15000
FM	22.050	16	立体声	88.2	50~7000
CD	44.1	16	立体声	176.4	20~20000
DAT	48	16	立体声	192.0	20~20000

3.1.3 音频压缩编码的国际标准

数字音频的出现，是为了满足复制、存储、传输的需求。音频信号的数据量对于传输或存储都来了巨大的压力。音频信号的压缩是在保证一定声音质量的条件下，尽可能以最小的数据率来表达和传送声音信息。信号压缩过程是对采样、量化后的原始数字音频信号流运用适当的数字信号处理技术进行信号数据处理，将音频信号中去除对人们感受信息影响可以忽略的成分，仅仅对有用的音频信号进行编排，从而降低了参与编码的数据量。表 3.2 为音频编码的分类及标准。

表 3.2 音频编码的分类及标准

类 别	算 法	名 称	标 准	数 据 率	应 用
波形编码	PCM	脉冲编码调制			公用电话网 ISDN
	μ-law, A-law	μ 律，A 律	G.711	64kbit/s	
	APCM	自适应脉冲编码调制			
	DPCM	差分脉冲编码调制			
	ADPCM	自适应 DPCM	G.721	32 kbit/s	
	SB-ADPCM	自带-自适应 DPCM	G.722	64kbit/s	
参数编码	LPC	线性预测编码		2.4kbit/s	保密话音
混合编码	CELPC	码激励 LPC		4.6 kbit/s	移动通信
	VSELP	向量和激励 LPC		8 kbit/s	
	RPE-LTP	规则码激励长时预测		13.2 kbit/s	语音信箱
	LD-CELP	低延时码激励 LPC	G.728	16 kbit/s	ISDN
	ACELP	自适应 CELP	G.723.1	5.3 kbit/s	PSTN
	CSA-CELP	共轭结构代数-CELP	G.729	8 kbit/s	移动通信

（续表）

类别	算法	名称	标准	数据率	应用
感知编码	MPEG-音频	多子带，感知编码		128 kbit/s	VCD/DVD
	DolbyAC-3	感知编码			DVD

波形编码是将时间域信号直接变换为数字代码，力图使重建语音波形保持原语音信号的波形形状。波形编码的基本原理是在时间轴上对模拟语音按一定的速率抽样，然后将幅度样本分层量化，并用代码表示。解码是其反过程，将收到的数字序列经过解码和滤波恢复成模拟信号。它具有适应能力强、语音质量好等优点，但所用的编码速率高，在对信号带宽要求不太严格的通信中得到应用，而对频率资源相对紧张的移动通信来说，这种编码方式显然不合适。脉冲编码调制(PCM)和增量调制($\triangle$M)，以及它们的各种改进型自适应增量调制(ADM)、自适应差分编码(ADPCM)等，都属于波形编码技术。它们分别在 64kbit/s 和 16kbit/s 的速率上能给出高的编码质量，当速率进一步下降时，其性能会下降较快。

参数编码的特点是压缩率较高，效率较高。它对信号特征参数进行提取和编码，在解码端力图重建原始语音信号。但算法复杂度大，合成语音的自然度不好，抗背景噪音能力较差。典型的参数编码器有共振峰声码器、同态编码及应用较广的线性预测声码器等。参数编码是语音压缩编码的一种，语音压缩编码可分为两类：波形编码和参数编码。

变换编码和预测编码是两类不同的压缩编码方法，如果将这两种方法组合在一起，会构成新的一类所谓混合编码，通常使用 DCT 等变换进行空间冗余度的压缩，用帧间预测或运动补偿预测进行时间冗余度的压缩，以达到对活动图像的更高的压缩效率。所谓混合编码，即同时使用两种或两种以上的编码方法进行编码的过程。试想如果同时结合波形编码方法和参数编码方法，则可得到集合了两者优势的编码。

感知编码是利用人耳听觉的心理声学特性(频谱掩蔽特性和时间掩蔽特性)及人耳对信号幅度、频率、时间的有限分辨能力，凡是人耳感觉不到的成分不编码、不传送，即凡是对人耳辨别声音信号的强度、音调、方位没有贡献的部分(称为不相关部分或无关部分)都不编码和传送。对感觉到的部分进行编码时，允许有较大的量化失真，并使其处于听阈以下。简单地说，感知编码是建立在人类听觉系统的心理声学原理为基础，只记录那些能被人的听觉所感知的声音信号，从而达到减少数据量而又不降低音质的目的。

3.2 常用音频文件格式及格式转换

3.2.1 音频文件格式

音频文件的格式有很多，如 WAV、MIDI、MP3 和 AU 等数字音频文件。

(1) WAV 格式：它是 Windows 系统中使用的标准数字音频文件，其扩展名为.wav，该数字音频文件保存的是模拟音频经声卡采样和数字化处理后的数字音频数据，WAV 数字音频文件较大。

(2) MIDI 格式：它是 Musical Instrument Digital Interface(乐器数字化接口)的缩写，是由世界主要乐器制造厂商建立起来的一个数字音乐国际标准，用来规定计算机音乐程序、电子合成器和其他电子设备之间的交换信息和控制信号的方法。它可以使不同厂家生产的电子音乐合成器互相发送和接收彼此的音乐数据。MIDI 格式的音频文件记录的不是数字化后的声音波形数据，而是一系列描述乐曲的符号指令，这些符号指令表示了音乐中的各种音符(包含按键、持续时间、通道号、音量和力度等信息)、定时和 16 个通道的乐器定义。因此，在相同音乐的情况下，MIDI 格式文件比 WAV 格式文件要小得多。播放 MIDI 音乐时，根据 MIDI 文件中的指令进行播放。

MIDI 音乐可以通过电子音乐设备来播放，也可以由音序器送到合成器，还原成模拟音频后，通过喇叭播放。在计算机中，可以使用 MIDI 音乐播放器进行播放，例如，使用 Windows 中的媒体播放器就可以播放 MIDI 音乐。

(3) MP3 格式：它是 MPEG Audio Layer 3 的简称，诞生于 20 世纪 80 年代的德国，所谓的 MP3 是指 MPEG 标准中的音频部分。MPEG 音频文件的压缩是一种有损压缩，MP3 音频编码具有 10:1～12:1 的高压缩率，同时基本保持低音频部分不失真，但是牺牲了声音文件中 12kHz～16kHz 高音频这部分的质量来换取文件的长度。相同长度的音乐文件，用 *.mp3 格式来存储，一般只有 *.wav 文件的 1/10，因而音质要次于 CD 格式或 WAV 格式的声音文件。由于其文件尺寸小，音质好，得到了广泛的应用。

MP3 的编码方式是开放的，可以在这个标准框架的基础上选择不同的声学原理进行压缩处理，因此，可变编码率的压缩方式(VBR)应运而生，它的原理就是利用将一首歌的复杂部分用高 bitrate 编码，简单部分用低 bitrate 编码，进而取得质量和体积的统一。

(4) AU 格式：它是 SUN 公司推出的一种数字音频格式。AU 文件原先是 UNIX 操作系统下的数字声音文件，由于早期 Internet 上的 Web 服务器主要是基于 UNIX 的，所以，AU 格式的文件在如今的 Internet 中也是常用的声音文件格式。

3.2.2 音频文件格式转换

各音频文件均可以用来处理声音信息，但各具优缺点。如何在不破坏音质的基础上进行符合条件的音频文件的设置，需要对音频文件进行格式的转换。一般的声音处理软件兼容多种格式的声音文件，使得声音格式的转换非常简单。目前，音频转换的软件种类很多，本节使用比较常见的全能音频转换器，将整个音乐文件转换为 WAV 或 MP3 格式文件。

全能音频转换器支持目前所有流行的音、视频文件格式，如 MP3、OGG、APE、WAV、AVI 等，转换成 MP3、WAV、AAC、AMR 音频文件。更为强大的是，该软件能从视频文件中提取出音频文件，并支持批量转换；也可以从整个媒体中截取出部分时间段，转换成一个音频文件；自定义不同质量参数，满足用户的需求。

具体的操作步骤如下:

(1) 打开全能音频转换器,弹出如图 3.1 所示的界面。

图 3.1　全能音频转换器界面

(2) 单击"添加"按钮,把要转换的音频文件添加到软件中。
(3) 单击"选择路径"按钮,设置转换后音频存放的位置。
(4) 选择输出格式,调整声道、比特率和采样率等参数。
(5) 设置好所有参数后,单击"转换"按钮,等待转换完成。
(6) 若需要批量转换,则单击选择多个文件添加,此时列表中会显示添加的文件名,通过窗口右侧的"上移""下移"按钮可以调整音频转换的顺序。
(7) 转换后的音频文件可单击"打开路径"按钮进行查看。

音频素材的获取与编辑

随着计算机技术的迅速发展,多媒体的运用在教学活动中发挥了十分重要的作用。一个优秀的多媒体课件,除了清晰的图像画面、生动的动画画面和文字描述之外,还要在课件中加入各种声音素材,使整个多媒体教学环境更加具有活力,激发学生学习的兴趣,提高教学质量。声音素材的合理运用,可以有效地创设教学情境,增强课件的趣味性,缓解课堂紧张的气氛,增强教学效果。例如:使用优美动听的乐曲作课件的背景音乐;使用音响效果如电话铃声、掌声、动物的叫声等来配合画面,烘托气氛;使用模拟播音员的声线朗读的读音标准的录音,供学生欣赏和正音;在练习课件中用语音作为提示或反馈等。由此可以看出,音频文件在多媒体课件中的重要地位。接下来,我们需要解决的重要问题就是如何在资源丰富的互联网中挑选出合适的音频素材。

3.3.1　音频素材的获取

获取音频素材可通过以下几种方法。

(1) 从购买的专业音效光盘或 MP3 光盘中获取背景音乐和效果音乐。

(2) 从网络上下载音频素材。

(3) 如果已经知道了歌曲或乐曲的名称，利用搜索引擎进行搜索。例如，使用百度搜索引擎，首先在百度(http://www.baidu.com)中，选择 MP3 标签，再输入已经知道的歌曲或乐曲名称，可以搜索到 MP3 等多种声音文件，然后找到需要的文件，单击"试听"按钮，打开播放界面开始试听，最后再用右键单击选择"目标另存为"，即可将所需要的歌曲或乐曲保存到硬盘上。

(4) 通过网上专门的声音素材库搜索，例如，闪吧(http://www.flash8.net/mtv.htm)网站上提供各种片头音乐和音效素材。

(5) 在音乐播放软件中利用关键词来进行搜索，搜索到"全部音乐"等多种声音文件，找到需要的文件后，下载即可。

(6) 截取 CD 或 VCD 中的音频素材。在 CD 或 VCD 节目中有大量的优秀音频素材可引用到教学课件中来，应用一些工具软件可以将这些素材截取下来。

(7) 利用 Windows 系统中的录音机采集音频素材。在多媒体课件中使用的声音文件是数字化的声音文件，需要用计算机的声卡将麦克风或录音机的磁带模拟声音电信号转换成数字声音文件。利用 Windows 系统中的录音机采集生成的声音文件及播放、编辑的声音文件格式均为 WAV 文件格式。

(8) 借助 Audition 软件采集声音生成.wav、.mp3 等文件。

3.3.2 音频素材的编辑

多媒体课件所需的音频素材往往需要进行简单的编辑才能适合制作者的需求，而专业编辑声音软件多种多样，如 Goldwave、CoolEdit、会声会影等，这些软件需要在网络环境中下载，并且操作掌握起来比较困难，在这里我们使用 Windows 系统中自带的"录音机"功能。利用 Windows 系统中的"录音机"编辑音频素材，首先要将音频素材格式转换为 WAV 格式文件，然后才能进行编辑。

(1) 合并多个声音文件。

"录音机"可以把多个 WAV 格式的声音文件合并成一个 WAV 格式的声音文件，首先将多个 WAV 格式的声音文件分别导入"录音机"，通过"效果"菜单中的"加大音量"或"降低音量"命令调整每个声音文件的音量符合声音合并的整体要求，并分别通过"文件"菜单中的"另存为"命令进行保存，然后利用"录音机"播放第一个声音文件，当到达需要加入另一个声音文件的时候，单击"停止"按钮，执行"编辑"菜单下的"插入文件"命令，在弹出的窗口中选择要加入的声音文件，单击"确定"按钮后就被插入到了前一个声音文件的停止处，如此操作就可以将多个声音文件首尾连接起来。

(2) 混合多个声音文件。

当需要给解说或朗读加背景音乐的时候，需要将两个或多个 WAV 格式的声音文件混合在一起，首先要分别试听每一个声音文件，感受背景音乐声音大小的比例关系，将需要提高或降低声音音量的声音文件分别导入"录音机",通过"效果"菜单中的"加大音量"或"降低音量"命令将声音文件调整到满意的音量大小,通过"文件"菜单中的"另存为"命令分别进行保存,准备进行声音的混合。首先利用"录音机"将背景音乐打开,当移动滑动按钮到达要混入另一个解说或朗读声音文件的位置时,单击"停止"按钮,通过"编辑"菜单中的"与文件混合"命令,在弹出的"混入文件"对话框中选定要混入的解说或朗读声音文件,单击"打开"按钮,这时选定的解说或朗读声音文件就与背景音乐混合到了一起,然后通过"文件"菜单中的"另存为"命令进行保存。

3.4 音频处理软件 Adobe Audition

3.4.1 Adobe Audition 简介

Adobe Audition 是专业的音频编辑工具,提供音频混合、编辑、控制和效果处理功能。它支持 128 条音轨、多种音频特效和多种音频格式,可以很方便地对音频文件进行修改和合并。用户使用该软件可以轻松创建音乐、制作广播短片。该软件支持简体中文,用户在安装过程中注意选择。

Adobe Audition 具有灵活的工作流程,使用非常简单,并配有绝佳的工具,可以制作出音质饱满、细致入微的最高品质音效。

Adobe Audition 3.0 现已面世,它能够满足个人录制工作室的需求。借助 Adobe Audition 3.0 软件,用户能够高效便捷地录制、混合、编辑和控制音频,创建音乐,录制和混合项目,制作广播点,整理电影的制作音频,或为视频游戏设计声音。Adobe Audition 3.0 中灵活、强大的工具正是完成工作之所需。改进的多声带编辑、新的效果处理、增强的噪音减少和相位纠正工具,以及VSTi虚拟仪器支持仅是Adobe Audition 3.0 中的一些新功能,这些新功能为所有音频项目的控制、生产效率和灵活性提供了很大的便利。

Adobe Audition 3.0 主要功能如下。

(1) 多轨录音。可以在普通声卡上同时处理多达128 轨的音频信号,支持从多种声音源设备来进行声音录制,如CD、话筒等,并支持多种声音文件格式的输出,利用它可以将自己满意的歌声或者喜欢的歌曲录制下来。

(2) 音频编辑。该软件具有极其丰富的音频处理效果,可以使用 45 种以上音频效果器、mastering 和音频分析工具,以及音频降噪、修复工具,可以进行如放大、降低噪音、压缩、扩展、回声、失真、延迟等处理,并能进行实时预览和多轨音频的混缩合成。使用它可以生成噪声、低音、静音、电话信号等声音信号。

(3) 文件操作。支持多文件处理,可以轻松地在几个文件中进行剪切、粘贴、合并、重叠声音等操作。可直接导入 MP3 文件等,还可以在 AIF、AU、MP3、Raw PCM、SAW、VOC、VOX、WAV 等文件格式之间进行转换,并且能够保存为 RealAudio 格式。

(4) 包含 CD 播放器，支持可选的插件，具有崩溃恢复、自动静音检测和删除自动节拍查找等功能，支持音乐 CD 烧录。

(5) 包含实时效果器和均衡(EQ)器。

(6) 支持多种采样频率，支持 SMPTE/MTC Master，支持 MIDI，支持视频。

(7) 支持 VSTi 虚拟乐器。

(8) 使用波形编辑工具：拖曳波形到一起即可将它们混合，交叉部分可做自动交叉淡化，能对多核 CPU 进行优化等。

此外，Audition CS6 也可以配合 Premiere Pro CS5 编辑音频使用，其实从 Audition CS5 开始就取消了 MIDI 音序器功能，而且也推出苹果平台 MAC 的版本，可以和 PC 平台互相导入导出音频工程。相比 Audition CS5 版，Audition CS6 还完善了各种音频编码格式接口，比如支持 FLAC 和 APE 无损音频格式的导入和导出，以及相关工程文件的渲染。新版本的 CS6 还支持 VST3 格式的插件，可以更好地分类管理效果器插件类型及统一的 VST 路径，比如 Audition CS6 调用 waves 的插件包，不再像以前那样难以找到插件，而是根据动态、均衡、混响、延时等类别自动分类子菜单管理。Audition CS6 的其他新特性有自动高音识别、高清视频支持、更完善的自动化等。

3.4.2 声音录制

Adobe Audition 可以将接在计算机上的话筒、线路输入、MIDI 等的声音录制成数字音频文件，录制过程如下。

1. 选择录音设备

选择"编辑"菜单下的"音频硬件设置"选项，打开"音频硬件设置"对话框，如图 3.2 所示。在"编辑查看"选项卡中默认输入呈灰色，内容为无，表明当前音频输入没有激活。单击"控制面板"按钮，进入"DirectSound 全双工设备"对话框选择输入设备，如图 3.3 所示。

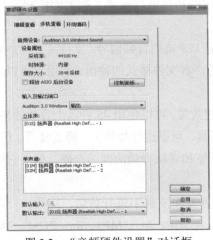

图 3.2 "音频硬件设置"对话框

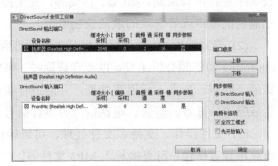

图 3.3 "DirectSound 全双工设备"对话框

2. 接入

在开始正式录音之前，要准备好话筒、音频播放器、录音机等硬件，调节计算机及音频播放器、话筒等所播放声音的音量、平衡、高低音设置等。如使用话筒录音，要将话筒插入计算机声卡中标有 MIC 的接口上，然后测试一下话筒，确保在音响中能听到话筒中传出的声音。如果听不到话筒中的声音，则双击桌面右下角的状态栏中的喇叭图标，打开"音量控制"窗口。将话筒选项下的"静音"复选框取消，然后测试一下有没有声音。测试好声音后，要将话筒选项下的"静音"复选框重新选中。

3. 决定录音的通道

音频卡提供了多路声音输入通道，录音前必须正确选择。单击"选项"菜单下的"Windows 录音控制台"选项，弹出"声音"对话框，如图 3.4 所示。在"声音"窗口选择录音通道及调节音量。

4. 设置录音属性

选择"文件"菜单下的"新建会话"选项，打开"新建会话"对话框，如图 3.5 所示。在"新建会话"对话框中可以设置采样率，默认是 44100Hz。单击"确定"按钮，退出"新建会话"对话框。

图 3.4 "声音"对话框

图 3.5 "新建会话"对话框

5. 开始录音

选择一个空白音轨，单击主群组中的 R 按钮激活音轨为录音状态。单击"传送器"面板中的录音按钮，开始录音。录音完成后，再次单击此按钮，停止录音。所录声音的波形显示在工作区中。在录制的过程中保证波形在所显示的框中为宜，否则容易造成声音的失真。

6. 保存录制的声音文件

选择"文件"菜单下的"文件另存为"选项，出现"另存为"对话框，选择保存文件的路径，输入文件名，选择文件的保存类型，若单击"选项"按钮，可以设置声音文件的其他形式进行保存。

3.4.3 音频的编辑

1. 编辑

声音的编辑处理指对声音进行插入、删除、移动等编辑，以及噪声处理、静音处理、淡入淡出和混合处理等操作。

通过"文件"菜单下的"打开文件"命令，选择录制好的音频文件加入到空白音轨中。若想删除区域中的波形，选中该音频文件按 Delete 键。移动操作通过在音轨中按鼠标右键，可以对该音轨波形进行左右移动实现，这样可在同一个时间轴下对齐各个音轨。

为了精确对齐或编辑，可以使用"缩放"面板中的"水平放大""水平缩小"按钮对波形放大或缩小。单轨和多轨编辑视图可以很方便地转换。

2. 噪声处理

在声音录制的过程中，难免因为环境或设备的影响对音频产生噪音，为了得到更加清晰的效果需要对音频进行降噪处理。首先需要噪音采样，录制一段空白音频，长度为 5 秒以上即可。在单轨编辑模式下，选择"效果"选项栏，在"修复"下拉菜单中选择"降噪预制噪声文件"，对环境噪声进行采样。然后开始正式录音，录音结束后试听，调整整个波形的音量。最后开始降噪，双击波形全选整个文件，打开"修复"下拉菜单下的"降噪器(进程)"，调整降噪级别为 70%，单击"确定"按钮。降噪器只会对采样的环境噪声消除，如果采样后有其他噪声，可以手动调节。除了降噪工具外，还可以使用"消除噪声"工具、"自动移除咔哒声"工具、"破音修复"工具进行其他噪声的消除处理。

3. 静音处理

在单轨视图中，对某段区域做静音处理，可按住鼠标左键，在波形上拖动选取一段声音区域，右键该区域选择"静音"命令，就会看到选择区域的文件波形消失了，说明这部分已经无任何声音。也可在多轨视图中选择音轨，再单击"主群组"面板中的静音按钮 M ，可使此音轨的声音静音。

4. 淡入与淡出

声音的淡入是指声音的渐强(smooth fade in)，声音的淡出是指声音的减弱(smooth fade out)，通常用于一个声音的开始(渐强)和结尾(渐弱)处。

打开 Adobe Audition 软件，单击左上角的多轨模式，单击"插入"菜单下的"音频"选项，若有多个文件混缩编辑，则单击其他音轨继续插入。如要实现淡入或者淡出效果，在"效果"选项栏中选择"包络"，双击该命令，弹出"包络"对话框，在"预设"效果中选择 Smooth Fade In 或 Smooth Fade Out，如图 3.6 所示。

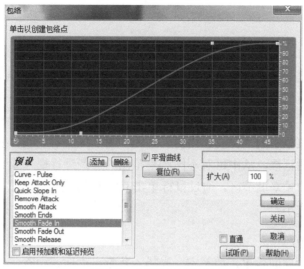

图 3.6 "包络"对话框

5. 声音的混合处理

很多情况下需要把两种或更多声音混合在一起，如语音中配乐等。声音的混合就是指将两个或两个以上的音频素材合成在一起，使多种声音能够同时听到，形成新的声音文件。

所有参与混合的音频素材都需要经过事先处理，主要是调整声音的时间长度、音量水平，采样频率要一致，声道模式要统一。

声音混合处理要在多轨视图下进行，如果要插入轨道，可以在任一轨道上右键单击，从快捷菜单中选择"插入"命令，也可以通过"插入"菜单命令添加新的轨道。插入轨道时有 4 种轨道可以选择，分别是音频轨、MIDI 轨、视频轨和总线轨。其中，视频轨只能插入一个，并且它的位置始终在所有轨道的最上方。

在每个轨道左边的功能区中，各控件及作用如下。

➢ ▉音轨1▉处显示轨道标题，可自定义名字。
➢ ▉M▉为静音按钮：按下表示本音轨处于静音状态。
➢ ▉S▉为独奏按钮：按下表示除本音轨外其他所有音轨处于静音状态。
➢ ▉R▉为录音按钮：按下表示本音轨切换到录音状态。
➢ ▉▉为音量按钮，▉0▉为立体声按钮。

在声音混合时，可以将打开的文件选中拖动到任一音轨上，可以将波形声音从一个轨道拖至另一个轨道，按住 Ctrl 键可以任选几段波形，然后右键单击，从快捷菜单中选择"左对齐"或"右对齐"命令进行播放位置的左右对齐。

若要将多轨导出为单轨文件，可以选择"文件"菜单下的"导出/混缩音频"命令实现。在多轨视图还可进行分解剪辑、时间伸展、交叉淡化等功能。

3.4.4 制作音频效果

1. 均衡(EQ)

均衡器是一种可以分别调节各种频率成分的电信号放大量的电子设备，通过对各种不同频率的电信号的调节来补偿扬声器和声场的缺陷，补偿和修饰各种声源及其他特殊作用。一般调音台上的均衡器仅对高频、中频、低频三段频率电信号分别进行调节。均衡器分为三类：图示均衡器，参量均衡器和房间均衡器。

选择"效果"菜单中的"滤波和均衡"下的"图示均衡器"或"参量均衡器"选项，可打开相应均衡器对话框，从中可对不同频率范围的声音进行提升或衰减。如在"参量均衡器"对话框中间的频率调节区，通过鼠标单击0dB处的直线，选择节点，然后按住鼠标上下拖动调节频率大小。

2. 混响(Reverb)

混响能模拟各种空间效果，如教室、操场、礼堂、大厅、山谷、体育馆、走廊、客厅等。选择"效果"菜单中的"混响"选项，可以进行回旋混响、完美混响、房间混响和简易混响设置。

在混响设置对话框中，如图3.7所示，"预设效果"下拉菜单中提供一些常见空间效果的预设项目。"输出电平"栏中的"湿声"是指经过处理以后的声音。"干声"是指原始声音。一般的效果处理都是把这两种声音以一定的比例混合，得到最终的声音。在混响中，要想使声音听起来更远，就把干声设小，湿声设大。

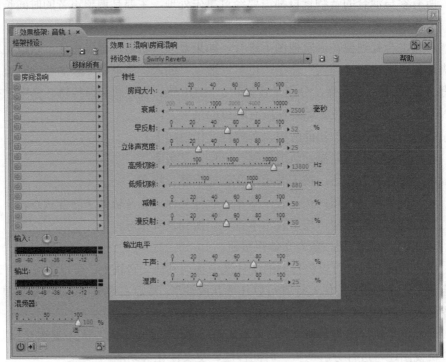

图 3.7 混响设置对话框

3. 合唱效果

合唱效果能带来一些使声音更丰满的变化，能极大地改变声音效果。选择"效果"菜单中的"调制"｜"合唱"命令，打开"合唱效果设置"对话框。合唱效果器提供一些预设项，可以直接在"预设效果"下拉菜单中选择需要的效果，然后预览效果，单击"确定"按钮。

4. 变调变速效果

变调的功能在于可以对歌手的高音进行处理，或者把歌手唱跑调的音改回来，也可以将男女声互换。选择要处理的一段声波，然后双击"效果"菜单中的"时间和距离"下的"变速(进程)"节点，打开"变速"对话框，如图 3.8 所示，可通过设置变速、精度、变速模式等参数达到变调变速的效果。

图 3.8 变速设置对话框

3.4.5 使用音频插件

在 Adobe Audition 的单轨模式下使用音频插件，需要先选择"效果"下拉列表中的"启用 DirectX 效果"，经过启用并刷新后，插件的效果可以在"效果"下拉列表中的 DirectX 命令下找到。常用的插件有 BBE Sonic Maximizer、TC Native Bundle、Ultrafunk 等。

1. BBE Sonic Maximizer

BBE 对于人声和木吉他等原声乐器的动态激励效果非常明显，可以让原声变的颗粒十足、充满质感，配合混响等修饰用效果器，可以很好地美化声音。

首先，需要选择加激励效果的段落，单击"效果"下拉列表的 DirectX 中的 BBE Sonic Maximizer。在 BBE 控制窗口中，LO CONTOUR 可以调节低频激励的量，调整低频部分的相位补偿量；PROCESS 可以提高激励的量，调整高频部分的相位补偿量；OUTPUT LEVEL 可以调节处理后信号的电平，有效地避免当音频经过处理后，因为电平过载所产生的爆音。

2. TC Native Bundle

TC Native Bundle 是目前最好的混响效果处理插件，界面简单易用。在"效果"选项栏中选择 VST 下的 Native Reverb Plus，通过调节参数可以处理声音的比例，调整 Decay 参数，可以增加减少混响的衰减时间，最适宜的时间设置为 2 秒。

3. Ultrafunk

该插件是音效插件,操作界面为汉化,界面易操作,在该插件中可以实现效果压缩,把过高的声音部分降下来,过低的声音部分升上去,使人声更均匀,增强人声的力度和表现力。

3.4.6 使用 Adobe Audition 制作音频实例

我们以录制歌曲为例来详细了解制作音频的过程。

(1) 首先打开录音软件 Adobe Audition 3.0 软件,如图 3.9 所示。单击左上角的"文件"菜单,执行"新建会话"命令。选择作品所需的采样率,默认为 44100Hz,采样率越高,精度越高,细节表现也就越丰富,当然文件也越大。

图 3.9 Adobe Audition 界面

(2) 通过单击左上角"文件"菜单,执行"导入"命令插入需要的伴奏音乐,被导入的文件在左边的"文件"列表中显示,按住左键拖曳,默认插入第一个轨道。已拖入轨道的音频文件可以通过按住右键拖动的方法,更改其所在的轨道及在本声道中进行位置的移动,如图 3.10 所示。

图 3.10 伴奏插入界面

(3) 录制人声。单击音轨 2，单击 R 录音备用按钮，将所需的会话保存到指定路径，保存时需要选择一个容量比较大的硬盘分区，为音频文件设置专门的文件夹保存，作为录音文件的临时存储区。准备好麦克风，单击 ● 录音按钮，开始录制，单击 ■ 按钮，可以暂停录音。

(4) 除噪设置。双击音轨 2 部分，切换到单轨编辑模式，通过"缩放"面板对录制的音频进行水平放大，对音频中具有噪音的波段进行拖选，单击"效果"选项栏选择"修复"菜单，单击"降噪器(进程)"进行音频的降噪处理，双击该按钮，弹出"降噪器"对话框，如图 3.11 所示。单击"获取特性"按钮，左侧会显示人声和噪音的显示曲线，通过不同的颜色标识，单击"波形全选"按钮后，单击"确定"按钮，对选中的波段进行除噪操作，如图 3.12 所示。如处理后的波段仍有噪音存在，可在对话框中再次除噪或手动除噪处理。

 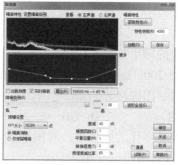

图 3.11　"降噪器"对话框　　　　图 3.12　降噪器获取特性后的对话框

(5) 效果设置。首先将人声部分分波段把编辑模式由单轨模式改为双轨模式，弹出"效果格架"对话框，如图 3.13 所示。可在弹出的"效果格架"对话框中单击右侧下拉按钮加载所需要的效果器，效果器的加载顺序决定了使用效果的顺序。设置的过程中如果伴奏的声音小，则可以通过音轨 1 下的音量按钮按住鼠标左键拖曳调整。

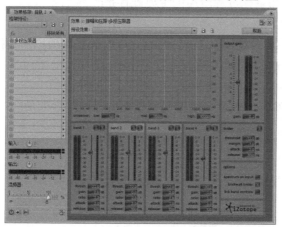

图 3.13　"效果格架"对话框

(6) 多轨混缩。经过上述设置反复试听和调节后，右键一条空白的音轨选择混缩到新文件，选择会话中的主控输出(立体声)，然后开始创建混缩，如图 3.14 所示。此时会自动转到单轨编辑模式并出现一条波形，即为混缩后的成品。

图 3.14　创建混缩

 习题

一、选择题

1. 可闻声的频率范围是(　　)。
   A. 20～2000Hz　　B. 200～20000Hz　　C. 20～20000Hz　　D. 200～2000Hz
2. 不是数字图像格式的是(　　)。
   A. JPG　　　　B. GIF　　　　C. TIFF　　　　D. WAVE
3. 在音频数字化的过程中，对模拟语音信号处理的步骤依次为(　　)。
   A. 抽样、编码、量化　　　　　　B. 量化、抽样、编码
   C. 抽样、量化、编码　　　　　　D. 量化、编码、抽样
4. 将声音转变为数字化信息，又将数字化信息变换成声音的设备是(　　)。
   A. 声卡　　　　B. 音响　　　　C. 音箱　　　　D. PIC 卡
5. 不属于国际上常用的视频制式的是(　　)。
   A. PAL　　　　B. NTSC　　　　C. SECAM　　　　D. MPEG
6. 数字音频采样和量化过程所用的主要硬件是(　　)。
   A. 数字编码器　　　　　　　　　B. 数字解码器
   C. 模拟到数字的转换器(A/D 转换器)　　D. 数字到模拟的转换器(D/A 转换器)
7. 影响声音质量的因素不包括(　　)。
   A. 声道数　　　B. 采样频率　　　C. 量化位数　　　D. 存储介质
8. 我们常用的 VCD、DVD 采用的视频压缩编码国际标准是(　　)。
   A. MPEG　　　B. PLA　　　　C. NTSC　　　　D. JPEG

二、填空题

1. 音质四要素为(　　)、(　　)、(　　)、(　　)。
2. 编码的分类有波形编码、(　　)、(　　)和(　　)。
3. 根据声音采样的频率范围，通常把声音的质量分为 5 个等级，由低到高分别是电话、(　　)、(　　)、光盘和数字录音带。
4. 决定数字音频质量主要有三个重要因素，包括(　　)、(　　)、(　　)。

第4章

图形图像技术与应用

俗话说：一图胜千言。图形图像是传达信息的重要手段之一，它可以带来直接、丰富的视觉信息。在多媒体课件中，图形图像可以直观地呈现教学内容，准确地表达信息，很好地帮助学生理解、记忆知识内容。

本章以 Photoshop 软件为例，主要介绍图形图像的基础知识、常用图像格式、图形图像的编辑和处理方法等内容。

4.1 图形图像基础

本节主要介绍有关图形图像的基本概念,包括位图和矢量图、分辨率、色彩学理论,还介绍了常用的图像文件格式。学习并掌握这些知识,才能更好地使用、编辑、处理图像,从而创作出高品质的作品。

4.1.1 图形图像的基本概念

1. 位图和矢量图

在计算机中,图像文件可以分为两类:位图和矢量图。位图是用像素点阵记录图像内容,也被称为图像。矢量图是用数学方法记录图像内容,也被称为图形。

(1) 位图。位图由许多小方块组成,这些小方块称为像素(pixel)。每个像素的位置和颜色值都需要记录,因此存储位图所需的存储空间较大。把不同排列和不同颜色的若干像素组合在一起,便构成了一幅色彩丰富的图像。如图 4.1 所示,位图使用放大工具放大后,可以清楚地看到像素的形状和颜色。

图 4.1 位图放大效果

位图善于表现阴影和色彩的细微变化,因此广泛应用在照片或绘画图像中。

位图图像与分辨率有关,即图像中包含固定数量的像素。当位图在屏幕上以较大的倍数显示,或以过低的分辨率打印时,图像会出现锯齿边缘,且会遗漏细节。

常见的位图处理软件有 Adobe Photoshop、Corel PHOTO-PAINT、Design Painter 和 Ulead PhotoImpact 等。

(2) 矢量图。矢量图是由点、线、面等元素构成,其内容以线条和色块为主。例如一条直线,需要记录起点和终点的坐标、直线的粗细和色彩等。因此,存储矢量图的文件较小。

矢量图形与分辨率无关,可以将其缩放到任意尺寸,可以按任意分辨率打印,都不会产生失真的效果。图 4.2 为矢量图放大后的效果。因此，矢量图形适合表现醒目的图形，不宜制作色调丰富或色彩变化太多的图像。

图 4.2　矢量图放大效果

常见的矢量图处理软件有 FreeHand、Illustrator、CorelDRAW 和 AutoCAD 等。

2. 分辨率

分辨率是指在单位长度内所含像素的多少。单位长度内所含像素的数量越多，图像越清晰，文件也越大。这里介绍两种分辨率：图像分辨率和设备分辨率。

(1) 图像分辨率。图像分辨率是指图像中每单位长度上像素的数目，单位为点/英寸(英文缩写为 dpi)，或像素/英寸(英文缩写为 ppi)。例如，300dpi 表示该图像每英寸含有 300 个点。

分辨率的大小影响图像的品质。分辨率越高，图像越清晰，所产生的文件也就越大，在工作中所需的内存也越多。在制作图像时，可以根据需要设置适当的分辨率。例如，用于在屏幕上显示的图像(如多媒体图像或网页图像)，分辨率可以设置小一些；而用于打印输出的图像，其分辨率就需要设置大一些。

(2) 设备分辨率。设备分辨率是指每单位长度所代表的点数或像素数。它与图像分辨率不同，图像分辨率可以更改，而设备分辨率不可以更改。如扫描仪和数码照相机等设备，各自都有固定的分辨率。

3. 色相、饱和度和亮度

在色彩学理论中，色相、饱和度和亮度被称为色彩的三要素。

(1) 色相。色相(hue)是指色彩呈现的面貌，通常由颜色名称标识。例如，光由红、橙、黄、绿、青、蓝、紫七色组成，每一种颜色即代表一种色相。对色相的调整也就是在多种颜色之间的转化。

(2) 饱和度。饱和度(saturation)是指颜色的鲜艳程度，也称为色彩的纯度。饱和度越大，图像越鲜艳，反之，图像也暗淡。调整饱和度就是调整图像的鲜艳程度。彩色图像的饱和度为 0 时，就会变成一个灰色的图像。

(3) 亮度。亮度(brightness)是指颜色的明暗程度。例如，黄色根据亮度上的不同，分为深黄、中黄、淡黄、柠檬黄等。调整亮度就是调整图像的明暗度。亮度的范围为 0～255，共包括 256 级。

4.1.2 常用的图像文件格式

在计算机绘图中，有许多图形和图像处理软件，而不同的软件所保存的图像格式各不相同。例如，用微软公司的"画图"软件保存的图像的格式为 BMP，用柯达公司的 PhotoCD 保存的图像的格式为 PCD。不同格式的图像文件，拥有不同的属性特征。

(1) BMP 格式。BMP 格式是 Windows 操作系统的标准的位图格式。Windows 操作系统的许多图像文件，如墙纸、图案、屏幕保护程序等的原始图像都是以这种格式存储的。它不支持文件压缩，文件占用的空间较大。

(2) JPEG 格式。JPEG 格式是最常用的图像文件格式，扩展名为.jpg 或.jpeg。这种格式是有损压缩格式，在压缩过程会丢失部分数据，但在存储前可以选择图像的质量，以控制数据的损失程度。

(3) GIF 格式。GIF 格式是一种压缩的 8 位图像文件，分为静态和动态。GIF 文件比较小，在网络传送文件时，要比其他格式的文件快得多，因此在 Web 页中得到了广泛的应用。

(4) PNG 格式。PNG 格式是网络上常用的文件格式，文件较小，支持图像透明。

(5) PSD 格式。PSD 格式是 Photoshop 专用的文件格式，扩展名为.psd，能保存图像数据的细节部分，如图层、通道、蒙版和其他图像信息，是一种非压缩的原始文件保存格式。这种格式存储的文件一般比较大，没有最终做完图像之前，最好用这种格式存储。

(6) TIFF 格式。TIFF 格式是一种适合于印刷和输出的格式。但比其他的压缩格式的图像文件要大。

(7) EPS 格式。EPS 格式是印刷行业普遍使用的一种格式，文件较大，一般只能用专用软件(如 Illustrator 和 Photoshop)编辑。

4.2 Photoshop 概述

本节主要介绍 Photoshop CS6 的工作界面，以及如何新建图像、打开图像、保存图像和设置图像大小等基本操作。

4.2.1 Photoshop 的工作界面

Photoshop CS6 的工作界面包括菜单栏、工具选项栏、工具箱、文档窗口、状态栏和控制面板等部分，如图 4.3 所示。

图 4.3　Photoshop CS6 工作界面

1. 菜单栏

菜单栏包括 10 个菜单，分别为文件、编辑、图像、图层、文字、选择、滤镜、视图、窗口和帮助，如图 4.4 所示。菜单中的每个菜单项对应一个命令，完成对图像的编辑、调整、选区选择、添加滤镜效果等操作。

图 4.4　菜单栏

2. 工具箱

工具箱一般位于窗口的左侧，其中包括选择工具、绘画工具、修饰工具、导航工具等 60 多种工具。要使用某种工具，只需单击该工具即可。移动鼠标指针到工具上稍停几秒钟，就会显示出该工具的名称。

许多工具图标右下角有一个黑色的小三角形，表示其含有隐藏工具。右击该工具或用鼠标按住工具不放，会弹出工具菜单，如图 4.5 所示，单击选择其中的工具即可。

图 4.5　工具箱中工具的展开与隐藏

工具箱可以根据需要在单栏和双栏间自由切换。如工具箱显示为单栏时，单击工具箱

上方的双箭头图标 ，可以将单栏转换为双栏。工具箱如图 4.6 所示。

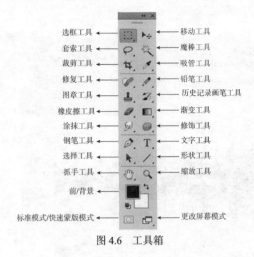

图 4.6　工具箱

3. 工具选项栏

工具选项栏中显示了当前所使用工具的各项属性，选项栏中的选项随当前所选工具的不同而变化。例如，当选择"画笔"工具 时，就会出现相应的画笔工具选项栏，如图 4.7 所示，可以对画笔工具做详细的设置。

图 4.7　画笔工具选项栏

4. 文档窗口

工作界面的中间部分是文档窗口，是编辑与处理图像的区域。打开一个图像文件，就会创建一个文档窗口。当打开多个图像文件时，多个文档窗口就会以选项卡的形式显示，如图 4.8 所示。单击文档窗口的标题栏，可以切换图像文件。

图 4.8　文档窗口

5. 状态栏

状态栏位于文档窗口的下方，用来显示当前的图像文件信息。状态栏左侧文本框显示当前图像的显示比例，在此处输入数值并按 Enter 键即可按不同的比例显示图像。

状态栏的中间显示当前图像的文件信息，单击右侧的右三角按钮，在弹出的菜单中可以选择显示当前图像文件的文档大小、文档配置文件、文档尺寸等信息，如图 4.9 所示。

6. 控制面板

Photoshop 提供了 20 多个控制面板，可以对图像的颜色、色板、图层、路径等相关内容进行设置。在默认情况下，Photoshop 中的控制面板都是放在工作界面的右侧，如图 4.10 所示。控制面板浮动在工作窗口中，用户可以根据实际需要将控制面板放置在屏幕的任意位置。控制面板以面板组的形式出现，单击标签，切换到相应的面板。若要显示或隐藏某个控制面板，可单击"窗口"菜单中的对应选项。单击命令前带有 ✓ 标记的控制面板，则该控制面板会隐藏。反之，则将控制面板显示。

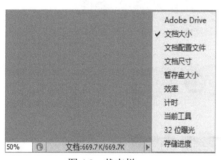

图 4.9　状态栏

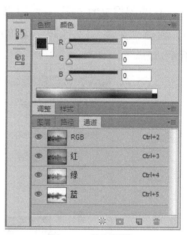

图 4.10　控制面板

4.2.2　Photoshop 的基本操作

Photoshop CS6 的基本操作包括新建文件、打开文件、设置图像大小、设置画布大小、保存文件等。

1. 新建文件

新建图像文件是进行设计的第一步，基本操作步骤如下。

(1) 选择"文件"|"新建"菜单项，或按 Ctrl+N 快捷键，弹出"新建"对话框，如图 4.11 所示。

(2) 在对话框中设置图像文件的名称、宽度、高度、分辨率、颜色模式、背景等参数，高级选项可以设置颜色配置文件和像素排列方式。单击"确定"按钮，完成空白图像文件的建立。

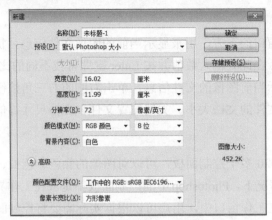

图 4.11 "新建"对话框

2. 打开文件

对已有的图像文件进行编辑和修改时,需要打开图像文件,基本操作步骤如下。

(1) 选择"文件"|"打开"菜单项,或按 Ctrl+O 快捷键,弹出"打开"对话框,如图 4.12 所示。

图 4.12 "打开"对话框

(2) 在对话框中选择一个目标文件,确认文件名和文件类型,单击"打开"按钮,或直接双击文件,即可将目标文件在图像窗口中打开。

在"打开"对话框中,也可以打开多个文件。按住 Ctrl 键并用鼠标单击,可以选择多个不连续的文件;按住 Shift 键并用鼠标单击,可以选择多个连续的文件。选择文件后,单击"打开"按钮，可以同时打开多个文件。

3. 设置图像大小

在实际的设计过程中，对图像的大小有一定的要求，因此需要调整图像的尺寸。调整图像大小的具体操作步骤如下。

（1）打开图像文件，选择"图像"|"图像大小"菜单项，打开"图像大小"对话框，如图 4.13 所示。

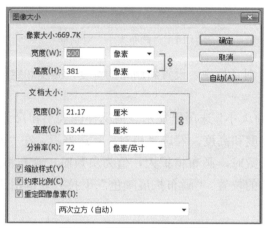

图 4.13 "图像大小"对话框

（2）在"图像大小"对话框中，可以看到当前图像的大小。设置图像的宽度、高度和分辨率，单击"确定"按钮，即可以改变图像的大小。

在"像素大小"选项组中，通过改变"宽度"和"高度"的值，可以调整图像在屏幕上的显示尺寸，图像的大小会相应改变。在"文档大小"选项组中，通过改变"宽度""高度"和"分辨率"的值，可以改变图像的文档大小，图像大小也会相应改变。

对话框中的复选框"缩放样式""约束比例"和"重定图像像素"的含义如下。

- 缩放样式：当勾选了"约束比例"复选框后该选项才被激活，选中该复选框，可以保持图像中的样式(图层样式等)按比例进行改变。
- 约束比例：勾选该复选框后，在"宽度"和"高度"选项后将出现链接图标，表示改变其中一项设置时，另一项也将按相同比例改变。
- 重定图像像素：勾选该复选框后，表示在改变图像显示尺寸时，软件将自动调整打印尺寸，此时图像的分辨率将保持不变。若取消该复选框的勾选，则改变图像的分辨率时，图像的打印尺寸将相应改变。

4. 设置画布大小

画布相当于绘画用的纸，改变画布大小就是改变图像四周工作空间的大小。用户可以精确地设置图像的画布尺寸来满足图像尺寸，具体操作步骤如下。

（1）打开图像文件，选择"图像"|"画布大小"菜单项，打开"画布大小"对话框，如图 4.14 所示。

图 4.14 "画布大小"对话框

(2) 在"画布大小"对话框中,设置新画布的宽度、高度和定位,单击"确定"按钮,可调整画布的大小。

在对话框中,"当前大小"选项组显示当前文件的大小和尺寸。"新建大小"选项组中可以设置新画布的宽度和高度。勾选"相对"复选框后,在"宽度"和"高度"编辑框中输入数值,值为正数时,画布将扩大,值为负数时,画布将进行裁切。"定位"可以设置图像在新画布中的位置。"画布扩展颜色"下拉列表框用于设置图像扩展区域的颜色,默认为背景色。

5. 保存文件

当用户编辑和处理完图像后,需要将文件进行保存。使用"文件"菜单中的"存储"和"存储为"命令可以保存当前文件。

(1) 使用"存储"命令存储。对于已经在磁盘上保存过的图像文件,选择"文件"|"存储"菜单项,可以将文件以原来名称保存在原来的位置上。若是建立的新文件,第一次存储该文件时,会弹出"存储为"对话框,如图 4.15 所示。选择要保存的文件位置、格式,输入要保存的文件名,单击"保存"按钮,即可保存该文件。

图 4.15 "存储为"对话框

"存储为"对话框中"存储选项"中各项的含义如下。

- 作为副本：将文件保存为文件副本，即在源文件名的基础上加"副本"两字保存。
- 注释：文件含有注释时，将注释一起保存。
- Alpha 通道：文件含有 Alpha 通道时，将 Alpha 通道一起保存。
- 专色：文件含有专色通道时，将专色通道一起保存。
- 图层：文件含有多个图层时，合并图层后再保存。
- 颜色：为保存的文件配置颜色信息。
- 缩览图：为保存的文件创建缩览图，默认情况下 Photoshop 自动为其创建。
- 使用小写扩展名：用小写字母创建文件的扩展名。

（2）使用"存储为"命令存储。选择"文件"|"存储为"菜单项，会打开"存储为"对话框，可以更改当前文件的文件名称、保存路径，可以更改文件格式，将文件保存为其他格式。

6. 关闭文件

编辑并保存好文件后，就可以将文件关闭。关闭当前图像文件方法通常有以下几种。

(1) 选择"文件"|"关闭"菜单项，或按 Ctrl+W 快捷键。
(2) 单击文档窗口标题栏右侧的关闭按钮。
(3) 右击文档窗口标题栏，在弹出的菜单中选择"关闭"。
(4) 按 Ctrl+F4 快捷键。

如要同时关闭所有的图像文件，选择"文件"|"关闭全部"菜单项，或按 Alt+Ctrl+W 快捷键。

4.3 图像的选取

利用 Photoshop 创作作品或对图像进行处理，通常需要从图像中选择素材，可以是某个对象或某片区域，选取要处理的这部分就是选区。选区准确与否直接影响后期的操作，所以选区是进行图像创作和处理的关键。

本节主要介绍如何使用 Photoshop 创建选区，并对选区进行编辑。

4.3.1 选区的创建

Photoshop 提供了多种创建选区的工具与方法，可以根据实际情况选择不同的方法。

1. 选框工具组

选框工具组用于创建规则形状的选区，是工具箱中最基本的选择工具。该组工具包括矩形选框工具、椭圆选框工具、单行选框工具和单列选框工具，如前面的图 4.5 所示。使用这些工具可以创建矩形、椭圆、单行和单列的选区。

(1) 矩形选框工具。矩形选框工具可以创建出矩形选区。选择工具箱中的矩形选框工具，在画布上单击并拖动鼠标就绘制出一个矩形选区，如图 4.16 所示。

使用矩形选框工具时，按住 Shift 键拖动鼠标可以创建一个正方形选区，按住 Alt 键拖动鼠标可以创建一个以鼠标起点为中心的矩形选区，按住 Shift+Alt 键拖动鼠标可以创建一个以鼠标起点为中心的正方形选区。

(2) 椭圆选框工具。椭圆选框工具可以创建出椭圆形选区。选择工具箱中的椭圆选框工具，在画布上单击并拖动鼠标就绘制出一个椭圆选区，如图 4.17 所示。

使用椭圆选框工具时，按住 Shift 键拖动鼠标可以创建一个圆形选区，按住 Shift+Alt 键拖动鼠标可以创建一个以鼠标起点为圆点的圆形选区。

图 4.16　矩形选区

图 4.17　椭圆选区

(3) 单行选框工具和单列选框工具。使用单行选框工具可以创建只有一个像素高的水平选区，使用单列选框工具可以创建只有一个像素宽的垂直选区。在工具箱中分别选择这两个工具，在图像中单击，创建的选区结果如图 4.18 和图 4.19 所示。

图 4.18　单行选区

图 4.19　单列选区

选择选框工具后，在工具选项栏可以进行参数的设置，如图 4.20 所示。选项栏左侧的四个按钮，用来设置创建选区的方式。"羽化"选项可以使选区的边缘产生柔和的效果。"样式"选项有 3 种：正常、固定比例和固定大小。单击"调整边缘"按钮，会对弹出

"调整边缘"对话框，如图 4.21 所示，通过设置参数，可以调整选区的边缘。

图 4.20　选框工具选项栏

2. 套索工具组

使用套索工具组可以创建不规则的选区，该组工具包括套索工具、多边形套索工具、磁性套索工具，如图 4.22 所示。

(1) 套索工具。套索工具可以创建比较随意的不规则选区。使用套索工具时，在画布上拖动鼠标即可创建出选区，如图 4.23 所示。当鼠标指针与起点重合时释放鼠标可以获得封闭选区，若鼠标指针与起点未重合，释放鼠标后，会在起点与终点间生成一条直线。

图 4.21　"调整边缘"对话框　　图 4.22　套索工具组　　图 4.23　套索工具创建选区

(2) 多边形套索工具。多边形套索工具可以创建不同形状的多边形选区，如三角形、五角形或者多边形等。使用多边形套索工具时，先在图像上单击确定选区的起点，沿着选取对象的边缘移动鼠标，自动有蚂蚁线出现，在需要转折处可单击鼠标。通过鼠标的连续单击，最后当鼠标指针和起点重合时释放鼠标，获得封闭选区，如图 4.24 所示。也可直接双击鼠标左键，Photoshop 会自动将单击处与起点处连接起来，形成封闭的选区。

用多边形套索工具创建选区的过程中，按键盘上的 Backspace 或 Delete 键，可删除最近绘制的选区线段。

(3) 磁性套索工具。磁性套索工具是进行抠图的主要工具。当选取对象的边缘较复杂，并且与背景颜色的反差较大时，使用磁性套索工具是非常适合的。选取对象和背景反差越明显，选择的区域就越精确，如图 4.25 所示。

使用磁性套索工具时，先在图像上需要选取的位置单击，确定选区的起点。沿着选取图像的边缘移动鼠标，蚂蚁线会自动贴近选取对象边缘，并出现一定数量的锚点(锚点的疏密可以通过选项栏的"频率"来控制，数值越大，定位点就越多)。当鼠标指针和起点重合时释放鼠标，完成对象的选取。用磁性套索工具创建选区的过程中，按键盘上的 Backspace

或 Delete 键，可删除最近的锚点。

图 4.24　多边形套索工具创建选区

图 4.25　磁性套索工具创建选区

选择磁性套索工具后，在工具选项栏可以进行参数的设置。套索工具和多边形套索工具的选项栏参数设置简单。磁性套索工具的选项栏参数较多，如图 4.26 所示。其中，宽度用于设置选区的选取范围，取值为 1～40 像素，值越小，越精确；对比度用于设置对颜色的敏感程度，取值为 1%～100%，数值越小，敏感度越高；频率用于设置锚点的生成频率，取值为 1～100，数值越大，锚点越多。

图 4.26　磁性套索工具选项栏

3. 按颜色选取工具组

Photoshop 可以根据图像颜色的差异来创建选区。按颜色创建选区的工具有魔棒工具和快速选择工具，如图 4.27 所示。

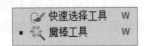
图 4.27　按颜色创建选区的工具

(1) 魔棒工具。魔棒工具主要是以图像中相近的颜色建立选区。使用魔棒工具在图像上单击就可选取图像中颜色相近或大面积单色区域的图像。使用魔棒工具可以节省大量的时间，又能达到所需的效果。魔棒工具的选项栏，如图 4.28 所示。

图 4.28　魔棒工具选项栏

选择魔棒工具，设置选项栏中的"容差"，值越大，选取的范围越大。如图 4.29 所示，在图像中白色的部分单击后，图像中的白色区域就都被选取了。

图 4.29　魔棒工具创建选区

(2) 快速选择工具。快速选择工具也是以图像中相近的颜色建立选区，像画笔一样绘制选区。使用快速选择工具时，拖动鼠标，选区会向外扩展并自动查找，建立选区。

选择快速选择工具，设置其工具选项栏，如图 4.30 所示。

图 4.30　快速选择工具选项栏

使用快速选择工具前，需要设定选区的创建方式。工具选项栏上的有三个按钮：新选区、添加到选区和从选区中减去，分别用于创建新选区、在保留旧选区的基础上创建新选区和从旧选区中减去新选区。

工具选项栏中的画笔栏，可以设置画笔的直径、硬度、间距和角度等参数。

4. 使用"色彩范围"命令建立选区

"色彩范围"命令与魔棒工具建立选区的原理类似，都是根据颜色范围建立选区。但"色彩范围"命令更加方便灵活，它以特定的颜色范围来建立选区，并且还可以及时控制颜色的相近程度。

选择"选择"|"色彩范围"菜单项，打开"色彩范围"对话框，如图 4.31 所示。

图 4.31　"色彩范围"对话框

"色彩范围"对话框每个选项的含义如下。

- 选择:可在其下拉列表框中选择建立颜色范围方式。
- 颜色容差:拖曳下面的滑块可以调整颜色选取范围,数值越大,包含的相似颜色越多,选取的范围越大。
- "选择范围"和"图像"选项:选择"选择范围"单选项,在预览框中只显示出被选取的范围;选择"图像"单选项,在预览框中将显示整个图像。
- 选区预览:此项决定选区范围在图像窗口的显示方式。
- ⌀ ✎ ✎:第一个为"吸管工具",用于取样颜色;第二个为"添加到取样"吸管,用于增加选取范围;第三个为"从取样中减少"吸管,用于减少选取范围。
- 反相:勾选该复选框后可以颠倒黑白关系。

使用"色彩范围"建立选区时,首先使用吸管工具 ✎ 在图像上单击一下,选择建立选区的基本色。然后拖曳"颜色容差"滑块,设置和取样颜色相近的取色范围。查看预览区域,最后单击"确定"按钮,完成选区的创建,如图 4.32 所示。

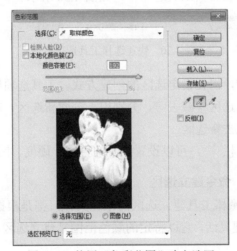

图 4.32 使用"色彩范围"建立选区

4.3.2 选区的编辑

创建选区后,往往不能直接满足要求,还需要对选区进行修改和编辑,如移动选区、修改选区、对选区变形等,下面将详细介绍有关选区编辑的相关知识。

1. 移动选区

移动选区可以将已创建的选区移动到目标位置,而且不影响图像内的任何内容。移动选区通常有两种方法:一种是使用鼠标移动,另一种是使用键盘移动。

使用鼠标移动选区,需要先使用选框工具、套索工具、魔棒工具或快速选择工具创建选区,然后移动鼠标到选区内,当鼠标指针变为 ▷ 形状时,拖曳鼠标可移动选区,如图 4.33 和图 4.34 所示。

图 4.33 移动前的选区

图 4.34 移动后的选区

使用键盘移动选区时,每按一下方向键,选区会向相应的方向移动 1 个像素的距离。创建完选区后,按方向键即可移动选区。若按住 Shift 键并按方向键,会以 10 个像素为单位移动选区。

2. 修改选区

修改选区可以精确调整当前选区。在"选择"|"修改"命令的子菜单里包括"边界""平滑""扩展""收缩"和"羽化"五个命令,如图 4.35 所示。

(1)"边界"命令。"边界"命令可以创建环状选区。建立选区后,执行"选择"|"修改"|"边界"命令,打开"边界选区"对话框,在宽度文本框中设置边界的宽度值,如图 4.36 所示。单击"确定"按钮,选区变为一个指定宽度的环状选区。

图 4.35 "修改"命令的子菜单

图 4.36 "边界选区"对话框

(2)"平滑"命令。"平滑"命令通过选区边缘增减像素来改变选区的平滑程度。建立选区后,执行"选择"|"修改"|"平滑"命令,打开"平滑选区"对话框,输入取样半径的值,如图 4.37 所示,单击"确定"按钮将平滑选区。

(3)"扩展"命令。"扩展"命令将当前选区向外扩展指定的像素,数值越大,扩展的范围越大。建立选区后,执行"选择"|"修改"|"扩展"命令,打开"扩展选区"对话框,输入向外扩展的像素值,如图 4.38 所示。单击"确定"按钮,选区按指定像素向外扩展。

图 4.37　"平滑选区"对话框　　　　图 4.38　"扩展选区"对话框

(4)"收缩"命令。"收缩"命令将当前选区按照设定的数值向内收缩，数值越大，收缩的范围越大。建立选区后，执行"选择"|"修改"|"收缩"命令，打开"收缩选区"对话框，输入选区收缩的值，如图 4.39 所示。单击"确定"按钮，选区按指定像素向内收缩。

(5)"羽化"命令。"羽化"命令将改变选区的羽化值，将选区的边缘变得模糊。建立选区后，执行"选择"|"修改"|"羽化"命令，打开"羽化选区"对话框，输入羽化值，如图 4.40 所示。单击"确定"按钮，选区边缘的模糊效果将发生变化。

图 4.39　"收缩选区"对话框　　　　图 4.40　"羽化选区"对话框

3. 变换选区

"变换选区"命令可以对选区进行变形操作，如对选区进行缩放、旋转、斜切等。创建选区后，执行"选择"|"变换选区"命令或在选区内右击，选择"变换选区"命令，都会在选区周围出现控制框。在控制框内右击，会出现如图 4.41 所示的快捷菜单。选择其中的一个命令，变换完选区的形状后，在选区内双击鼠标，或按 Enter 键，可应用变换。

图 4.41　变换选区

4. 反选选区

在图像中创建选区后，执行"选择"|"反选"命令(快捷键 Ctrl+Shift+I)，可以选中当前选区以外的部分，主要用于将当前图层中的选区和非选区部分进行互换。反选选区的效果如图 4.42 所示。

图 4.42　反选前后效果

5. 取消选区和重新选择选区

取消选区可以将当前的选区删除。执行"选择"|"取消选择"命令或按快捷键 Ctrl＋D，都可以删除选区。

重新选择选区可以将最近一次取消的选区恢复。执行"选择"|"重新选择"命令或按快捷键 Ctrl＋Shift＋D，即可恢复取消的选区。

4.3.3　图像选择的应用实例

1. 实例介绍

本实例是一个图像特效。在实例中，使用椭圆选框工具创建选区，通过填充选区创建朦胧的效果。通过本实例的制作，熟练创建选区的方法，同时了解羽化选区的效果。

2. 实例操作步骤

(1) 启动 Photoshop CS6，打开文件"素材\第 4 章\海边风景.jpg"。

(2) 在工具箱中，选择"椭圆选框工具"。在图像上创建一个椭圆选区，执行"选择"|"变换选区"命令，将选区缩放到合适大小。

(3) 移动选区到适当位置，如图 4.43 所示。

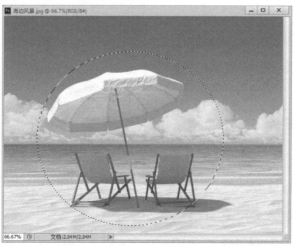

图 4.43　移动选区

(4) 按快捷键 Ctrl+Shift+I，将选区反选，如图 4.44 所示。

图 4.44　反选选区

(5) 执行"选择"|"修改"|"羽化"命令，打开"羽化选区"对话框，输入羽化值 35，单击"确定"，如图 4.45 所示。

(6) 按 D 键，将前景色和背景色设置为默认的黑色和白色。执行"编辑"|"填充"命令，出现"填充"对话框，选择使用背景色白色填充，如图 4.46 所示。

图 4.45　"羽化选区"对话框　　　　图 4.46　"填充"对话框

(7) 用白色填充选区后，得到朦胧效果，如图 4.47 所示。按快捷键 Ctrl+D 取消选区，得到最终效果，如图 4.48 所示。

图 4.47　用白色填充选区　　　　　　图 4.48　最终效果

4.4 图像的处理

Photoshop 作为图形图像处理软件工具，不仅具备基本的绘画功能和强大的选取能力，在图像处理方面更胜一筹。本节主要介绍如何利用 Photoshop 进行图像的绘制和处理。

4.4.1 绘制图像

绘图是 Photoshop 的基本功能之一，而使用绘图工具是绘画的基础。只有合理地选择和使用绘图工具，才能绘制出完美的图像。

下面介绍图像绘制的有关知识，主要包括绘图颜色的设置及画笔工具、铅笔工具、油漆桶工具、渐变工具等的使用。

1. 设置绘图颜色

在 Photoshop CS6 中可以使用工具箱、"颜色"控制面板和"色板"控制面板进行颜色的设置。

(1) 使用工具箱设置颜色。

在 Photoshop 中设置颜色，主要是通过工具箱中的前景色和背景色按钮来完成，如图 4.49 所示，选择后的颜色将显示在这两个颜色框中。

"前景色"按钮：用于显示和选取当前绘图工具所使用的颜色。单击前景色按钮，可以打开"拾色器"对话框并从中选取颜色，如图 4.50 所示。

图 4.49 前景色和背景色设置

图 4.50 "拾色器"对话框

"背景色"按钮：用于显示和选取图像的背景色。单击背景色按钮，同样打开"拾色器"对话框，可以从中选取颜色。

"切换前景色和背景色"按钮：用于切换前景色与背景色，对应的快捷键为 X 键。

"默认的前景色和背景色"按钮：用于恢复前景色和背景色为初始的默认颜色，即 100%

的黑色与白色，对应的快捷键为 D 键。

(2) 使用"颜色"控制面板。

在 Photoshop 中可以使用"颜色"控制面板实现颜色的设置。选择"窗口"|"颜色"菜单项，打开"颜色"控制面板，如图 4.51 所示。设置颜色时，先单击设置前景色或背景色按钮■，选择调整的是前景色还是背景色，然后拖曳三角形滑块或在色谱条上单击。

(3) 使用"色板"控制面板。

选择"窗口"|"色板"菜单项，打开"色板"控制面板，如图 4.52 所示。在"色板"控制面板中直接单击选取，实现前景色的设置，若单击时按下 Ctrl 键选取，则实现背景色的设置。

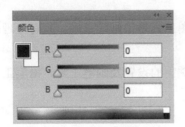
图 4.51　"颜色"控制面板

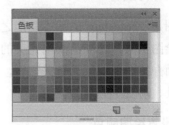
图 4.52　"色板"控制面板

2. 画笔工具

画笔工具是最常用的绘画工具，通常使用前景色绘制图像。

在工具箱中选择画笔工具后，工具选项栏如图 4.53 所示，在选项栏可以设置画笔的形状、大小、不透明度、流量等属性。下面列出画笔工具选项栏各项的意义。

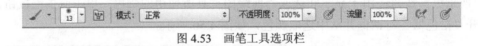
图 4.53　画笔工具选项栏

- "画笔预设"按钮：打开"画笔预设"选取器，如图 4.54 所示。"大小"可以调整画笔的大小，"硬度"可以控制绘图边缘的硬化程度，从列表框中可以选择画笔的样式。
- "切换画笔面板"按钮：可以打开"画笔"控制面板，如图 4.55 所示。"画笔"控制面板可以对画笔进行多样化的设置，包括形状动态、散布、纹理、双重画笔、颜色动态等 7 种笔触和杂色、湿边、建立、平滑和保护纹理等效果设置，极大地丰富了笔触的功能和效果。
- "模式"下拉列表：设置画笔的颜色混合模式，有"正常""溶解""变暗""正片叠底"和"颜色加深"等选项。
- "不透明度"文本框：设置画笔颜色的不透明度。
- "绘图板压力控制不透明度"按钮：使用绘图板时有效。
- "流量"文本框：可以控制绘画颜色的浓度。数字越大，画笔越浓。
- "喷枪模式"按钮：启用喷枪功能。

➢ "绘图板压力控制大小"按钮：使用绘图板时有效。

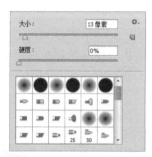

图 4.54 "画笔预设"选取器

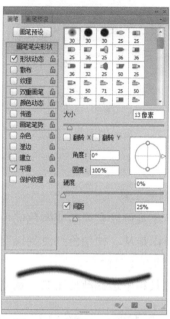

图 4.55 "画笔"控制面板

3. 铅笔工具

铅笔工具可以模拟真实的铅笔进行绘图，绘制的线条边缘清晰。铅笔工具的选项栏与画笔工具的选项栏相似，如图 4.56 所示。工具选项栏中的"自动抹掉"选项允许将铅笔工具应用背景色进行描绘。在前景色上进行描绘时，打开"自动抹掉"选项会使铅笔工具自动切换至背景色。铅笔工具最小只有一个像素宽，可以一次一个像素地修复图像。

图 4.56 铅笔工具选项栏

4. 油漆桶工具

油漆桶工具可以用前景色或图案快速填充图像的区域，填充的区域大小取决于临近的像素在颜色上与单击处像素的相似程度。在工具箱中选择油漆桶工具，选项栏如图 4.57 所示。

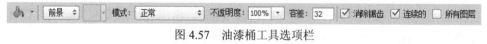

图 4.57 油漆桶工具选项栏

在选项栏的下拉列表框中可以选择"前景"或"图案"两种方式填充。图 4.58 是分别用"前景"填充和"图案"填充的效果。"容差"设置决定受影响像素的范围。"容差"越大，所影响的像素范围就越大；"容差"越小，则所影响的像素范围就越小。"容差"默认值为 32，其值范围为 0～255。油漆桶工具常用来进行线稿图的填充。

(a) "前景"填充　　　　　　　　　　(b) "图案"填充

图 4.58　油漆桶工具进行填充

5. 渐变工具

渐变工具可以实现渐变颜色的填充。渐变颜色可以是从一种颜色逐渐过渡到另一种颜色，也可以是从一种颜色过渡到透明色。

(1) 渐变工具简介。

在工具箱中选择渐变工具，选项栏如图 4.59 所示。

图 4.59　渐变工具选项栏

渐变工具包括五种渐变方式：线性渐变▇，径向渐变▇，角度渐变▇，对称渐变▇和菱形渐变▇。

> 线性渐变：沿一条直线创建渐变效果，常用于创建背景图案。
> 径向渐变：创建从圆心向外的渐变效果。
> 角度渐变：创建围绕一点的渐变效果，斜角渐变的颜色是沿着周长改变的。
> 对称渐变：在起点的两边创建渐变效果。
> 菱形渐变：创建钻石状的渐变效果。

在渐变工具选项栏中，"反向"复选框是反向产生色彩渐变的效果；"仿色"复选框是可以平滑渐变，防止在输出混合色时出现条带；"透明区域"复选框，用于产生不透明度。

(2) 编辑渐变。

Photoshop 允许编辑已有的渐变或创建自定义的渐变，这需要使用"渐变编辑器"对话框。在渐变工具的选项栏中，单击渐变编辑区域▇，将出现"渐变编辑器"对话框，如图 4.60 所示。下面列出"渐变编辑器"对话框各项的意义。

> 预设框：列出了当前可用的渐变，可以选择其中的一个，进行修改。
> "名称"文本框：输入文字，设置新渐变的名称。如果需要创建新的渐变，可单击"新建"按钮，并在"名称"位置输入渐变名称。要以现有的渐变为基础创建自己的渐变，可在列表中选择它进行修改，在"名称"栏内更改名称，然后单击"新建"按钮。
> "渐变类型"下拉列表框：有两个选项，选择"实底"选项，可以编辑过渡均匀

的渐变效果，选择"杂色"选项，编辑粗糙的渐变效果。

图 4.60　"渐变编辑器"对话框

- "平滑度"文本框：用来设置渐变的光滑程度。
- 渐变色谱条：用来定义渐变。要定义渐变起点的颜色，可单击渐变色谱条下面左边的色标，该色标上面的三角形会变成黑色，表示正在编辑起始颜色。要增加颜色，可在渐变条下面相应位置单击。要选取颜色，可双击色标所在位置，在弹出的"拾色器"对话框中选取一种颜色。要调整起点或终点色标的位置，可以将相应色标拖到想要的位置或者单击色标，然后输入位置值，输入 0%将此位置定在渐变条的最左端，输入 100%定在最右端。要定义透明混合的效果，可以通过在渐变色谱条的上方单击鼠标，增加新色标。

(3) 应用渐变实例——立体球的绘制。

具体操作步骤如下：

① 新建文件，设置宽 20cm，高 20cm，分辨率为 72 ppi。

② 在工具箱中，选择"椭圆选框工具"。按住 Shift 键，在适当位置创建一个正圆选区。

③ 设置前景色为白色，背景色为红色。在工具箱中选择"渐变工具"，设置渐变类型为径向渐变■。从圆的左上到右下拖动填充由白到红的渐变，按 Ctrl+D 键取消选择，最后效果如图 4.61 所示。

图 4.61　立体球

4.4.2　修复图像

选取的图像有时存在一些问题，如图像上有多余的字，照片上有污点，图像上有多余的物品等，需要对其进行修复。修复图像常用的工具有仿制图章工具、污点修复画笔工具、修复画笔工具、修补工具和红眼工具。

1. 仿制图章工具

仿制图章工具是一种复制工具，可以选择图像中的像素，并将它们复制到同一个图像或另一个图像中，复制后将旧像素和新像素自然融合在一起。

在工具箱中，选择仿制图章工具，其工具选项栏如图4.62所示。

图4.62　仿制图章工具选项栏

在工具选项栏中，"对齐"复选框用于控制复制时是否使用对齐功能。该项选中后，Photoshop将在取样的源区域与显示复制的目标区域之间保留相同的距离和角度关系。"样本"下拉列表框用于选择取样的范围，有当前图层、当前和下层图层及所有图层三个选项，默认从当前图层取样。

使用仿制图章工具时，先选择仿制图章工具，将其放在图像中要复制的区域——源区域，按住Alt键再单击鼠标定下取样点。取样完成后就可松开Alt键和鼠标。将光标移动到要复制目标的区域上，单击并拖动鼠标，即复制出取样点的图像。复制前后的效果如图4.63所示。源区域中的十字光标会随着目标区域中仿制图章工具图标的移动而移动。十字光标与仿制图章工具光标之间总是保持相同的距离和角度。

(a)　原始图像　　　　　　　　　　(b)　使用仿制图章工具效果

图4.63　仿制图章工具效果对比

2. 污点修复画笔工具

污点修复画笔工具会自动进行像素取样，所以利用该工具，可以轻松修复图像中的污点。在工具箱中，选择污点修复画笔工具，其工具选项栏如图4.64所示。

图4.64　污点修复画笔工具选项栏

使用污点修复画笔工具时，先在工具选项栏中设置画笔。然后在要修复的图像上涂抹，释放鼠标，污点被去除，污点处的颜色被周围像素颜色取代。污点修复前后的效果如图4.65所示，图像上的水印被去掉了。

(a) 原始图像　　　　　　　　　　(b) 使用污点修复画笔工具效果

图 4.65　污点修复画笔工具效果对比

3. 修复画笔工具

修复画笔工具可以用于修正图上中的瑕疵，使其融入周围的图像中。在工具箱中，选择修复画笔工具 ，其工具选项栏如图 4.66 所示。在工具选项栏中，可以选取用于修复图像的来源。"取样"可以使用当前图像的像素，"图案"可以使用某个图案的像素。

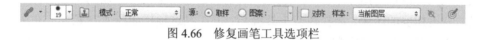

图 4.66　修复画笔工具选项栏

使用修复画笔工具时，在工具选项栏中设置合适的修复画笔笔触大小，并选择"源"为"取样"，按住 Alt 键鼠标单击取样位置，然后单击瑕疵的部分即可去除。

4. 修补工具

修补工具可以利用当前图像中的像素或图案中的像素来修复选中的区域，适合于大面积的修整。选择修补工具 ，其工具选项栏如图 4.67 所示。

图 4.67　修补工具选项栏

在工具选项栏中，有两种修补方式。选择"源"按钮后，先选择要修补的区域，然后将它拖动到要取样的区域，修补区域中的内容被新位置处的图像所修补。选择"目标"按钮后，首先选择取样的区域，然后将所选的区域拖动到要修补的区域即可。

打开一幅需修改的图像，选择修补工具，选择方式为"源"。选择需要修补的区域(衣服上的图案)，要修补的区域周围出现虚线，如图 4.68 所示。将该区域拖动到合适的区域，释放鼠标，选中的区域就会修补完成，如图 4.69 所示。

图 4.68　原始图像　　　　　　　　图 4.69　使用修补工具效果

5. 红眼工具

红眼工具可以快速地去除拍摄照片上人或动物的红眼现象,工具选项栏如图4.70所示。"瞳孔大小"用于设置红眼工具覆盖的范围,"变暗量"用于设置瞳孔的暗度。使用红眼工具 时,在图像上红眼的区域单击鼠标,释放鼠标后即可消除红眼。

图 4.70 红眼工具选项栏

4.4.3 裁剪图像

图像中有多余的部分需要去除,可以使用裁剪工具和擦除工具。

1. 裁剪工具

裁剪工具可以裁剪图像中的部分区域,保留的区域将成为一个新的图像文件。用户可以通过它获得想要的图像。选择裁剪工具 后,其工具选项栏如图4.71所示。在选项栏中可以直接设置裁剪框的宽度和高度。

图 4.71 裁剪工具选项栏

在工具箱中选择裁剪工具 后,在图像中出现裁剪框。拖动裁剪框周围的控制柄,可以改变裁剪框的大小并对裁剪框进行旋转。裁剪框外的灰色部分为裁减掉的部分,如图 4.72 所示。若确定保留的区域,按 Enter 键应用裁剪即可。

图 4.72 裁剪工具裁剪图像

2. 擦除工具

擦除工具用来擦除图像中不需要的像素。擦除工具包括橡皮擦工具、背景橡皮擦工具和魔术橡皮擦工具，如图 4.73 所示。

图 4.73　擦除工具

(1) 橡皮擦工具。橡皮擦工具可以擦除图像中的颜色。橡皮擦工具的选项栏如图 4.74 所示，"模式"设置橡皮擦的笔触特性，包括画笔、铅笔和块。若勾选"抹到历史纪录"选项，橡皮擦工具就具有了还原被擦除图像的功能。

图 4.74　橡皮擦工具选项栏

(2) 背景橡皮擦工具。背景橡皮擦工具可以将图像中的特定颜色擦除，将要擦除的区域变为透明状态。工具选项栏如图 4.75 所示，选项栏中可以设置取样选项、擦除方式、容差和保护前景色等。

图 4.75　背景橡皮擦工具选项栏

> 工具：设定取样选项，包括"连续""一次"和"背景色板"。"连续"在擦除时会随着鼠标移动而不断采样，可以擦除多次。"一次"在要擦除的颜色上单击，每次单击只采样一次，并只擦除吸取的颜色。如果要继续擦除则必须重新单击取样。"背景色板"是把背景色的颜色作为取样的颜色，可以擦除与背景色颜色相同或相近的色彩范围。
> "限制"下拉列表：设置擦除方式，包括"不连续""连续"和"查找边缘"。"不连续"方式将图像上的所有取样颜色擦除，"连续方式"只擦除与取样颜色相连的区域，"查找边缘"方式擦除包含取样颜色相连的区域，可提供主体边缘较好的处理效果。
> "保护前景色"复选框：可以使与前景色色值相同的区域不会被擦除。

(3) 魔术橡皮擦工具。魔术橡皮擦工具能够擦除容差范围内的相邻像素。选中此工具，在图像上要擦除的颜色范围内单击，魔术橡皮擦工具就会自动擦除掉图像中所有相近的颜色区域。魔术橡皮擦工具的选项栏如图 4.76 所示，若勾选"连续"选项，只对连续区域进行擦除，否则对图像上所有满足条件的区域进行擦除处理。"不透明度"设置删除色彩的不透明度。

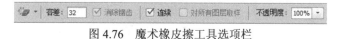

图 4.76　魔术橡皮擦工具选项栏

4.4.4 修饰图像

工具箱中的修饰工具用于修饰图像，使图像产生不同的变化效果。修饰工具包括模糊工具、锐化工具、涂抹工具、减淡工具、加深工具和海绵工具。

1. 模糊工具、锐化工具和涂抹工具

模糊工具、锐化工具和涂抹工具在同一组中，如图 4.77 所示。

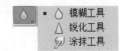

图 4.77 模糊工具等

（1）模糊工具。模糊工具 通过降低相邻像素间的对比度，柔化图像中的某些部分，使其变得模糊，常用于模糊背景，起到突出主体的作用。模糊工具的选项栏如图 4.78 所示，可以设置画笔、模式和强度等。使用模糊工具时，在图像中拖动鼠标使图像产生模糊效果，如图 4.79 所示。

图 4.78 模糊工具选项栏

（2）锐化工具。锐化工具 通过增加相邻像素间的对比度，锐化图像中的某些部分，使其变得清晰。使用锐化工具时，在图像中拖动鼠标使图像产生锐化效果，如图 4.80 所示。

图 4.79 模糊效果

图 4.80 锐化效果

（3）涂抹工具。涂抹工具 产生类似手指涂抹油画的效果，其工具选项栏如图 4.81 所示。"手指绘画"选项设置是否用前景色绘图。

使用涂抹工具时，在图像中拖动鼠标使图像产生涂抹的效果，如图 4.82 所示。

图 4.81 涂抹工具选项栏

图 4.82 涂抹效果

2. 减淡工具、加深工具和海绵工具

减淡工具、加深工具和海绵工具在同一组中，如图 4.83 所示。

(1) 减淡工具。减淡工具是改变图像中部分区域的曝光度，使其变亮。选择减淡工具，其工具选项栏如图 4.84 所示。"范围"下拉列表框中，"高光"是选择图像中最亮的区域；"中间调"是选择图像中色调处于高亮和阴影之间的区域；"阴影"则是选择图像中最暗的区域。"曝光度"滑杆设置曝光度的百分比值。

图 4.83 减淡工具等

图 4.84 减淡工具选项栏

(2) 加深工具。加深工具与减淡工具相反，是改变图像中部分区域的曝光度，使其变暗。

(3) 海绵工具。海绵工具用于改变图像中部分区域的饱和度，其工具选项栏如图 4.85 所示。在"模式"下拉列表框中，"降低饱和度"可以减少图像中某部分的饱和度，"饱和"是增加图像中某部分的饱和度。

图 4.85 海绵工具选项栏

4.4.5 合成图像

在 Photoshop 中，许多作品都是通过图层合成图像。因此，图层在图像合成中占据着非常重要的位置。图层类似于一张张大小相同、重叠在一起的透明纸，图像中的各个元素可以放置在不同的图层上，透过图层的透明区域可以看到下面的图层。所有的图层堆叠在一起，构成一副完整的图像。通过更改图层的顺序和属性，可以改变图像的合成效果。图像中各个元素放在不同图层，对某个图层的操作不会影响到其他图层，这使图像的编辑处理非常方便。

下面主要介绍"图层"控制面板、图层的基本操作、图层样式等，熟练掌握图层的操作，才能创作出出色的作品。

1. "图层"控制面板

在 Photoshop 中，图像中的所有图层、图层效果及对图层的各种操作都是通过"图层"控制面板来实现。"图层"控制面板如图 4.86 所示。

- 混合模式：用于设置图层的混合模式，包含正常、溶解、变暗、正片叠底等 27 种混合模式。
- 不透明度：设置图层的不透明度。
- 眼睛图标：用于显示与隐藏图层。
- 图层缩览图：用于预览图层上的图像。

> 图层名称：用于显示图层的名称，如果在设计时未给图层命名，则系统自动按顺序将图层命名为"图层1""图层2"等。
> 弹出菜单：单击可以出现弹出式菜单。
> 链接图层：用于链接两个以上的图层。
> 图层样式：为图层添加特效。
> 图层蒙版：在当前图层上添加蒙版，在图层蒙版中，黑色代表隐藏图像，白色代表显示图像。
> 填充或调整图层：创建填充或调整图层。
> 创建新组：用于创建一个图层组，可以包括很多图层，便于管理。
> 创建新图层：用于创建一个普通图层。
> 删除图层：用于完成图层的删除。

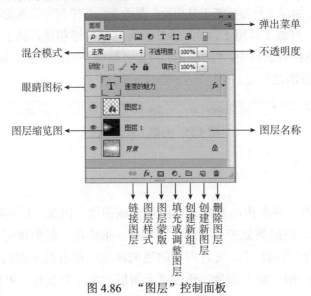

图 4.86 "图层"控制面板

2. 图层的基本操作

在 Photoshop 中，可以利用"图层"控制面板实现选择图层、调整图层的顺序、复制与删除图层、合并图层等操作。

(1) 选择图层。如果图像包含多个图层，用户可以根据操作需要，同时选择一个或多个图层，并对它们进行编辑。

在"图层"控制面板中单击某个图层即可选择该图层，并将其置为当前图层。要选择多个图层，可按住 Shift 键或 Ctrl 键单击图层，实现连续或不连续图层的选择。

(2) 调整图层的顺序。图像中的图层是自上而下叠放的，在编辑图像时，通过调整图层的叠放顺序便可获得不同的图像处理效果。要调整图层的顺序，在"图层"控制面板中将选定的图层拖动到指定位置即可。

需要注意：背景图层的重叠顺序是不能改变的，因此，不能将普通图层移到背景图层底下，或者拖动背景图层，移动到普通图层上面。

(3) 复制与删除图层。复制图层时，可以在"图层"控制面板中将要复制的图层拖至"创建新图层"按钮 上，即可在被复制的图层上方复制一个新图层。或者在两个图像之间拖曳也可实现图层的复制。

删除图层时，在"图层"控制面板中选中要删除的图层，然后单击"删除图层"按钮 或直接将其拖至"删除图层"按钮 上即可。

(4) 链接图层。在使用 Photoshop 编辑图像时，将两个或更多的图层链接起来，就可以对这些图层同时进行移动、复制、粘贴、对齐、合并等操作。

选中要链接的图层，单击"图层"控制面板底部的"链接图层"按钮，完成链接。再次单击"链接图层"按钮，取消链接。

(5) 锁定图层。在"图层"控制面板中提供了 4 种锁定方式，从左向右依次为"锁定透明像素""锁定图像像素""锁定位置"和"锁定全部"。

① "锁定透明像素"按钮 ：将图像中的透明区域锁定，透明区域不能编辑。
② "锁定图像像素"按钮 ：使当前图层和透明区域不能被编辑。
③ "锁定位置"按钮 ：使当前图层的像素不能被移动。
④ "锁定全部"按钮 ：是当前图层完全被锁定。

选择图层后，可在"图层"控制面板中单击一个或多个锁定选项。

(6) 合并图层。图层上的内容完成以后，可以将这些图层合并，以减小文件的大小，方便处理图像。在合并图层时，上面的图层将覆盖下面图层的像素。在合并后的图层中，所有透明区域的交叠部分都会保持透明。

合并图层有以下三种方式。

① 向下合并：可将当前图层与下面的图层合并。
② 合并可见图层：合并图像中的所有可见图层。
③ 拼合图像：合并所有图层，并在合并过程中丢弃隐藏的图层。

3. 图层样式

图层样式是 Photoshop 的特色，该功能可以为图层添加不同的效果，如斜面和浮雕、描边、外发光、投影等效果。

Photoshop 提供了一个"样式"控制面板，该控制面板能保存图层样式，并能够将预设的图层样式效果应用到图层上。"样式"控制面板如图 4.87 所示。选择图层后，直接在"样式"控制面板中单击要应用的图层样式，样式就会应用到图层上。

用户可以创建新的样式，需要使用"图层样式"对话框实现。选中图层后，单击"图层"控制面板底部的"图层样式"按钮 ，在弹出的菜单中选择要添加的效果(如斜面和浮雕)，出现"图层样式"

图 4.87 "样式"控制面板

对话框,如图 4.88 所示。

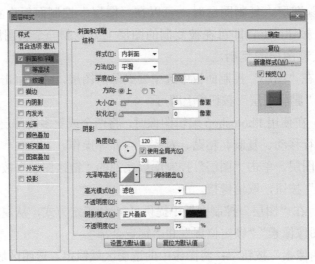

图 4.88 "图层样式"对话框

"图层样式"对话框中可以设置的效果如下。

➢ 斜面和浮雕:使图层产生倾斜和浮雕的立体效果。
➢ 描边:使用颜色、渐变或图案在当前图层上描画对象的轮廓。
➢ 内阴影:在图层内容的边缘内添加阴影,使图层具有凹陷外观。
➢ 内发光:在图层内容的内边缘添加发光的效果。
➢ 光泽:产生明暗分离的效果,应用创建光滑光泽的内部阴影。
➢ 颜色、渐变和图案叠加:用颜色、渐变或图案填充图层内容。
➢ 外发光:在图层内容的外边缘添加发光的效果。
➢ 投影:在图层内容的边缘外添加投影的效果。

"图层样式"对话框中每种效果的右侧是对应的参数,通过参数的调整可以设置出需要的效果。一个图层可以添加多种效果,如图 4.89 所示,图中为文字添加了斜面和浮雕、描边两种效果。

图 4.89 添加"图层样式"的效果

4. 合成图像的实例

(1) 启动 Photoshop CS6,打开文件"素材\第 4 章\相框.jpg",如图 4.90 所示。

(2) 在"图层"控制面板，双击背景层，出现"新建图层"对话框，单击"确定"按钮，将背景层变为图层 0，命名为"相框"。

(3) 在图层 0 中，用魔棒单击相框内部的空白部分，成为选区。按快捷键 Ctrl+Shift+I，反选，把相框选中。

(4) 打开文件"素材\第 4 章\风景.jpg"，如图 4.91 所示。选择移动工具，把相框拖到"风景"图像窗口中，成为一个新图层，命名为"风景"。按 Ctrl+T 快捷键，调整相框的大小。

图 4.90　打开文件"相框.jpg"

图 4.91　打开文件"风景.jpg"

(5) 按快捷键 Ctrl+T，调整风景的大小和位置，调整好后按回车。"图层"控制面板如图 4.92 所示。

(6) 合成图像效果如图 4.93 所示，然后存储文件。

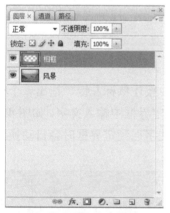

图 4.92　"图层"控制面板

图 4.93　合成图像效果

4.4.6　为图像配文字

文字是作品传达信息的重要元素，图像中经常需要添加文字，以增强图像的表现力。Photoshop 中为图像添加文字，主要是利用文字工具来实现。

使用文字工具可以在图像中的任何位置创建横排文字或直排文字。Photoshop 提供了四种文字工具，即横排文字工具、直排文字工具、横排文字蒙版工具和直排文字蒙版工具，如图 4.94 所示。其中，利用横排文字工具或直排文字工具输入的文字，系统将自动创建一个新的文字图层。利用横排文字蒙版工具或直排文字蒙版工具可以在当前图层创建文字形状的选区，不创建新的文字图层。

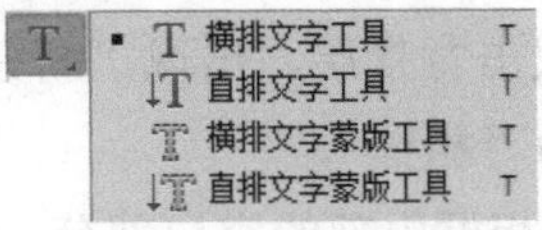

图 4.94 文字工具

选择横排文字工具，在图像上单击，此时文字工具的选项栏如图 4.95 所示。在工具选项栏中可以设置字体、字号、字的颜色、对齐方式等。单击文字变形按钮 后，会弹出"变形文字"对话框，可以设置文字的变形样式。单击字符和段落对话框按钮 后，会弹出"字符/段落"对话框中，可对文字进行更多的设置。单击取消按钮 ，取消文字的输入。单击提交按钮 ，提交对文字图层的更改。文字输入完成后，单击提交按钮或按 Ctrl+Enter 快捷键。

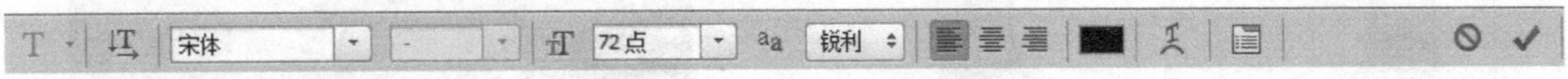

图 4.95 文字工具选项栏

Photoshop 中有两种文本：点文本和段落文本。点文本是以点的方式建立文本，常用于输入标题或一行文字。段落文本是以段落文字框的方式建立文本，常用于输入一个或多个段落。

1. 点文本

选择横排文字工具或直排文字工具，在图像中单击，出现闪烁的文字插入点，输入需要的文字，如图 4.96 所示。在输入文字的同时，"图层"控制面板中将自动生成一个新文字图层。

2. 段落文本

选择横排文字工具或直排文字工具，在图像窗口中按住鼠标左键，拖出一个矩形的文本定界框，插入点显示在定界框的左上角。此时可以在定界框中输入文字，如图 4.97 所示。文本框有自动换行的功能，当输入的文字较多时，当文字遇到定界框时会自动换到下一行显示。另外，对定界框还可以进行旋转、缩放等操作。

图 4.96 点文本

图 4.97 段落文本

3. 设置文字格式

在图像中输入文字提交后，还可以对文字进行编辑。Photoshop 可以精确地控制文字图层中的字符，包括字体、大小、颜色、行距、字距微调、字距调整、基线移动及对齐。设置文字格式，必须首先选取要编辑的文字，再进行修改。选取文字时，先选择横排文字工具或直排文字工具，将光标移至文字区单击，此时将文字图层设置为当前图层，并进入文字编辑状态，可以选择几个字符或几个段落。

选取文字后，可以使用工具属性栏设置字体、字号、颜色和段落缩进等属性，也可以使用"字符/段落"对话框来设置。"字符/段落"对话框中的"字符"控制面板和"段落"控制面板如图 4.98 和图 4.99 所示。"字符"控制面板可以设置字体、字号、行距、水平缩放、垂直缩放等。"段落"控制面板可以调整段落的对齐方式、缩进方式、避头尾法则等。

图 4.98 "字符"控制面板

图 4.99 "段落"控制面板

4. 栅格化文字

文字图层是一种特殊的图层，有些操作、命令不能应用在文字图层上，如画笔、滤镜等。因此需要对文字栅格化，将文字图层转化为普通图层才能处理。

"图层"控制面板中文字图层的效果如图 4.100 所示，选择菜单"文字"|"栅格化文字图层"命令，可以将文字图层转换为普通图层，如图 4.101 所示。也可右键单击，在弹出的菜单中选择"栅格化文字"命令。

图 4.100 文字图层

图 4.101 栅格化文字

5. 创建变形文字

输入的文字可以通过"变形文字"控制面板产生丰富的艺术效果，如扇形、旗帜、波浪、膨胀、扭曲等。在图像窗口中输入文字后，单击文字工具选项栏中的文字变形按钮 ，弹出"变形文字"对话框，如图 4.102 所示。在"样式"下拉列表中包含多种文字的变形效果。图 4.103 为文字的扇形变形效果。

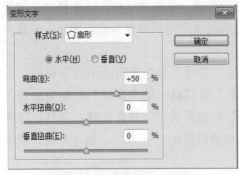 

图 4.102　"变形文字"对话框　　　　图 4.103　文字的扇形变形效果

4.4.7　图像特效

在 Photoshop 中可以使用滤镜功能为图像添加丰富多彩的特殊效果。Photoshop 的滤镜种类丰富，功能强大，主要分为两类：Photoshop 软件自身所带的滤镜（即内置滤镜）和外挂滤镜。内置滤镜是 Photoshop 在安装时随主程序一起安装的，可以直接使用。外挂滤镜是由第三方厂商专门为 Photoshop 制作的，以插件的形式添加到 Photoshop 中。外挂滤镜必须在单独安装之后才能使用。

1．滤镜基础

Photoshop 的滤镜菜单下提供了多种滤镜，选择这些滤镜命令，可以制作出奇妙的图像效果。单击"滤镜"菜单，弹出下拉菜单如图 4.104 所示。它包含了 Photoshop 内置滤镜的全部命令，分为六部分。

（1）上次滤镜操作。没有使用滤镜时，此命令为灰色，不可选择。如果使用了滤镜，这里将显示刚刚操作过的滤镜名称，当需要重复使用这种滤镜时，只要直接选择或按 **Ctrl+F** 快捷键即可。

（2）转换为智能滤镜。智能滤镜是一种非破坏性的滤镜，可以随时进行修改操作。

（3）6 种 Photoshop 滤镜，包括滤镜库、自适应广角、镜头校正、液化、油画和消失点，每个滤镜的功能都十分强大。

（4）Photoshop 自带的 9 组滤镜，每个滤镜组都包含多个子菜单。

（5）Digimarc，这是 Photoshop 的数字化水印功能，将数字水印嵌入图像以存储版权信息。

（6）浏览联机滤镜。

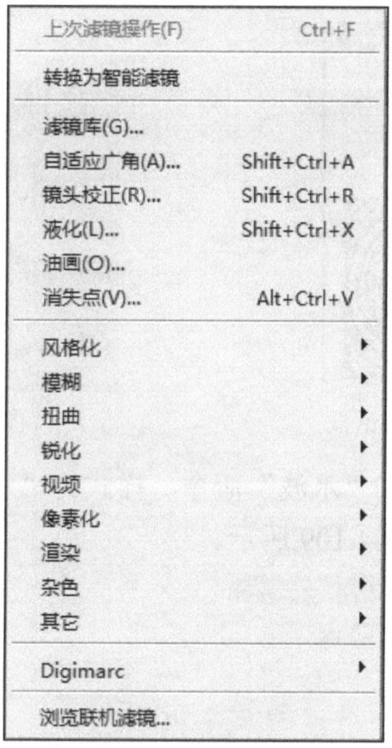

图 4.104　滤镜菜单

2. 滤镜应用实例

Photoshop 中滤镜众多，使用千变万化，灵活使用滤镜能够创建出丰富多彩的效果。通过应用实例可领略滤镜的强大功能。

(1) 水波纹效果。

① 新建一个 RGB 模式的文件，宽度为 1440 像素，高度为 900 像素，分辨率为 72ppi，背景色为白色。按 D 键，设置默认的前景色和背景色为黑、白。执行"滤镜"|"渲染"|"云彩"命令，效果如图 4.105 所示。

图 4.105　云彩滤镜效果

② 执行"滤镜"|"模糊"|"径向模糊"命令，数量设置为 100，模糊方法为"旋转"，品质为"好"，参数和效果如图 4.106 和图 4.107 所示。

 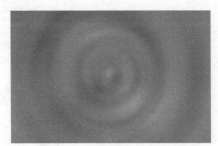

图 4.106 "径向模糊"对话框　　　　图 4.107 径向模糊效果

③ 执行"滤镜"|"扭曲"|"水波"命令，样式为"水池波纹"，数量为 80，起伏为 15，参数和效果如图 4.108 和图 4.109 所示。

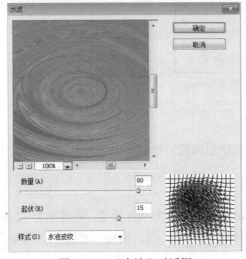 

图 4.108 "水波"对话框　　　　图 4.109 水波效果

④ 新建图层 1，名称为"颜色"。选择渐变工具，颜色设置如图 4.110 所示，第一个色标的值为#79f4a7，第二个色标的值为#27c308，由中心向边角做径向渐变，效果如图 4.111 所示。

图 4.110 渐变工具的颜色设置　　　　图 4.111 径向渐变

⑤ 在"图层"控制面板中，选择"颜色"图层，将混合模式改为"叠加"，如图 4.112 所示，最终效果如图 4.113 所示。

图 4.112　"图层"控制面板

图 4.113　水波纹最终效果

(2) 火焰字。

① 新建一个 RGB 模式的文件，宽度为 600 像素，高度为 600 像素，分辨率为 72ppi，背景色为白色。按 D 键，设置默认的前景色和背景色为黑、白。按 Alt+Delete 快捷键，将背景色填充为黑色。

② 选择文本工具，输入"火焰"两个字，颜色为白色，如图 4.114 所示。执行"图层"|"合并图层"命令，将背景层和文本层合并。

③ 执行"图像"|"图像旋转"|"90 度(顺时针)"命令，将整个图像顺时针旋转 90 度，然后执行"滤镜"|"风格化"|"风"命令，方法为"风"，方向为"从左"，做出风的效果。为让火焰大一些，重复使用此滤镜三次。执行"图像"|"图像旋转"|"90 度(逆时针)"命令，将整个图像逆时针旋转 90 度，恢复回来，效果如图 4.115 所示。

图 4.114　输入文字

图 4.115　风的效果

④ 执行"滤镜"|"扭曲"|"波浪"命令，使用默认参数，制出火焰弯曲抖动的效果，如图 4.116 所示。

⑤ 执行"图像"|"模式"|"灰度"命令，将图像格式转为灰度模式，再执行"图像"|"模式"|"索引颜色"命令将图像格式转为索引模式。

⑥ 执行"图像"|"模式"|"颜色表"命令，打开"颜色表"对话框，在"颜色表"列表框中选择"黑体"，效果如图 4.117 所示。

⑦ 保存文件。

图 4.116 波浪效果
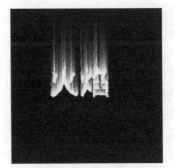
图 4.117 火焰效果

4.5 使用 Photoshop 制作图形图像实例

4.5.1 实例介绍

本实例是要制作一个比赛宣传海报。利用渐变工具、矩形选框工具制作背景，利用图层的混合模式和滤镜制作图片效果，使用文本工具、添加图层样式制作标题文字。

4.5.2 实例操作步骤

1. 制作背景效果

(1) 按 Ctrl+N 快捷键，新建一个图像文件，宽为 40 厘米，高为 30 厘米，分辨率为 72 像素/英寸，颜色模式为 RGB，背景色为白色。单击"确定"按钮，新建一个文件。

(2) 在工具箱中选择渐变工具，在工具选项栏设置渐变类型设为"径向渐变"。单击渐变编辑区域，弹出"渐变编辑器"对话框，如图 4.118 所示。渐变色从黑色(#000000)到深绿色(# 033c12)。单击"确定"按钮，在窗口中从中央向边角拖动鼠标，完成渐变，如图 4.119 所示。

图 4.118 "渐变编辑器"对话框

图 4.119 渐变效果

(3) 新建图层，名称为"矩形 1"，设置前景色为黑色。在工具箱中选择矩形选框工具，在图像窗口的上方绘制矩形选区。按 Alt+Delete 快捷键，用前景色填充选区。

(4) 新建图层，名称为"矩形 2"。在图像窗口的下方绘制矩形选区。按 Alt+Delete 快捷键，用前景色填充选区，效果如图 4.120 所示。

(5) 新建图层，名称为"灰条"，设置前景色为灰色。选择矩形选框工具，在图像窗口中绘制两个矩形选区。按 Alt+Delete 快捷键，用前景色填充选区，效果如图 4.121 所示。

图 4.120　矩形 2 效果

图 4.121　灰条效果

(6) 单击"图层"控制面板下方的"添加图层样式"按钮 fx.，在弹出的菜单中选择"外发光"命令，弹出对话框，如图 4.122 所示。单击"确定"按钮，效果如图 4.123 所示。

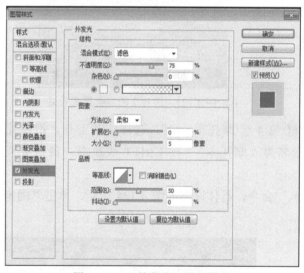
图 4.122　"外发光"图层样式

图 4.123　灰条的外发光效果

2．制作图片效果

(1) 按 Ctrl+O 快捷键，打开"素材\第 4 章\抽象图.jpg"。选择移动工具，把图片拖到图像窗口中，生成一个新图层，命名为"图片 1"。按 Ctrl+T 快捷键，调整大小，效果如图 4.124 所示。

(2) 单击"图层"控制面板下方的"添加图层样式"按钮 fx.，在弹出的菜单中选择"内阴影"命令，弹出对话框，如图 4.125 所示，单击"确定"按钮。

图 4.124　图片 1

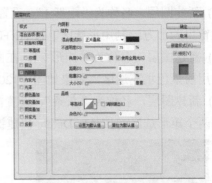
图 4.125　"内阴影"图层样式

(3) 按 Ctrl+O 快捷键，打开"素材\第 4 章\光.jpg"。选择移动工具，把图片拖到图像窗口中，生成一个新图层，命名为"图片 2"。按 Ctrl+T 快捷键，调整大小，效果如图 4.126 所示。

(4) 将图层"图片 2"的混合模式设置为"叠加"，效果如图 4.127 所示。

图 4.126　图片 2

图 4.127　图片 2 的混合模式效果

(5) 按 Ctrl+O 快捷键，打开"素材\第 4 章\摩托车.psd"。选择移动工具，把图片拖到图像窗口中，生成一个新图层，命名为"摩托车"。按 Ctrl+T 快捷键，调整位置和大小。

(6) 执行"滤镜"|"风格化"|"风"命令，具体设置如图 4.128 所示。单击"确定"按钮，效果如图 4.129 所示。

图 4.128　"风"命令

图 4.129　摩托车的效果

3. 制作标题文字

(1) 设置前景色为土黄色，选择工具箱中的"横排文字工具"，在图像窗口的上方输入文字：摩托车比赛，选择合适的字体和字号。在控制面板上生成新的图层，名称为"标题"。

(2) 选择"标题"图层，单击"图层"控制面板下方的"添加图层样式"按钮 fx.，在弹出的菜单中选择"外发光"命令，弹出对话框，如图 4.130 所示。在图素栏中，扩展为 18%，大小为 27 像素，其他参数默认。单击"确定"按钮，效果如图 4.131 所示。

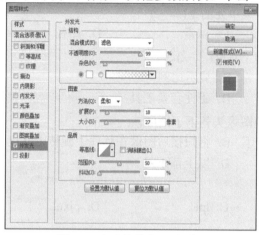

图 4.130 "外发光"对话框

图 4.131 摩托车的效果

(3) 设置前景色为白色，选择工具箱中的"横排文字工具"，在图像窗口的下方左侧输入文字：主办单位：摩托车协会，选择合适的字体和字号。在控制面板上生成新的图层，名称为"单位"。

(4) 设置前景色为白色，选择工具箱中的"横排文字工具"，在图像窗口的下方右侧输入文字：报名时间：8 月 15 日—9 月 15 日，报名电话：81889199，选择合适的字体和字号。在控制面板上生成新的图层，名称为"报名信息"。

(5) 执行"图层"|"拼合图像"命令，合并所有图层，最后将文件保存为"摩托车比赛宣传海报.jpg"。实例制作完成，效果如图 4.132 所示。

图 4.132 比赛宣传海报效果图

4.6 习题

一、选择题

1. 下列属于 Photoshop 图像最基本的组成单元的是( )。
   A. 节点　　　　　B. 色彩空间　　　　C. 像素　　　　　D. 路径
2. 下列可以选取连续相似颜色的区域的工具是( )。
   A. 矩形选框工具　　　　　　　　　B. 显示比例
   C. 魔棒工具　　　　　　　　　　　D. 磁性套索工具
3. 若一幅图像在扫描时放反了方向，使图像头朝下了则应该( )。
   A. 将扫描后图像在软件中垂直翻转一下　B. 将扫描后图像在软件中旋转 180 度
   C. 重扫一遍　　　　　　　　　　　D. 以上都不对
4. 图像分辨率的单位是( )。
   A. dpi　　　　　　B. ppi　　　　　C. lpi　　　　　D. pixel
5. 向选区中快速填充前景色的快捷键是( )。
   A. Alt+Delete 键　　　　　　　　　B. Ctrl+Delete 键
   C. Shift+Delete 键　　　　　　　　D. Ctrl+Shift 键
6. 下面属于规则选择工具的是( )。
   A. 矩形工具　　B. 快速选择工具　　C. 魔术棒工具　　D. 套索工具
7. 下列关于椭圆选框工具说法不正确的是( )。
   A. 按 Shift 键可以拖出圆形选区　　B. 按 Alt 键可以从中心拖出椭圆形选区
   C. 按 Alt+Shift 可以从中心拖出圆形选区　D. 按空格键可以重新拖出一新的选区
8. 在工具箱中可以调整图像色彩饱和度的工具是( )。
   A. 加深工具　　B. 锐化工具　　　C. 模糊工具　　　D. 海绵工具
9. 下面各种面板中不属于 Photoshop 的面板的是( )。
   A. 图层面板　　B. 路径面板　　　C. 颜色面板　　　D. 变换面板
10. 在图层调板中，下面关于背景图层说法正确的是( )。
    A. 可以任意调整其前后顺序　　　　B. 背景层可以进行编辑
    C. 背景层与图层之间可以转换　　　D. 背景层不可以关闭层眼
11. 可以将图像中相似颜色区域都加选到选区中的命令是( )。
    A. 扩大选取　　B. 选取相似　　　C. 扩展　　　　　D. 魔术棒
12. 下列用( )选择时，会受到所选物体边缘与背景对比度的影响。
    A. 矩形选框工具　　　　　　　　　B. 椭圆选框工具
    C. 直线套索工具　　　　　　　　　D. 磁性套索工具
13. Photoshop 常用的文件压缩格式是( )。

A. PSD　　　B. JPG　　　C. TIFF　　　D. GIF

14. 在色彩范围对话框中通过调整(　　)值来调整颜色范围。
    A. 容差值　　B. 消除混合　　C. 羽化　　D. 模糊

15. 前景色和背景色相互转换的快捷键是(　　)。
    A. X 键　　B. Z 键　　C. A 键　　D. Tab 键

16. 在套索工具中不包含的套索类型是(　　)。
    A. 自由套索工具　　　　　　B. 多边形套索工具
    C. 套索工具　　　　　　　　D. 磁性套索工具

17. 在给文字进行类似滤镜效果制作时,首先要将文字进行(　　)命令转换。
    A. "图层"/"栅格化"/"文字"　　B. "图层"/"文字"/"水平"
    C. "图层"/"文字"/"垂直"　　　D. "图层"/"文字"/"转换为形状"

18. 在 Photoshop 中,渐变工具有(　　)种渐变形式。
    A. 3　　B. 4　　C. 5　　D. 6

19. 下面有关 Photoshop 修补工具的使用描述正确的是(　　)。
    A. 修补工具和修复画笔工具在修补图像的同时都可以保留原图像的纹理、亮度、层次等信息
    B. 修补工具和修复画笔工具在使用时都要先按住 Alt 键来确定取样点
    C. 在使用修补工具操作之前所确定的修补选区不能有羽化值
    D. 修补工具只能在同一张图像上使用

20. 在 Photoshop 中使用仿制图章工具需按住(　　)并单击可以确定取样点。
    A. Alt 键　　B. Ctrl 键　　C. Shift 键　　D. Alt+Shift 键

二、判断题

1. 在 Photoshop 中,新建文件默认分辨率值为 72 像素点/英寸,如果进行精美彩印刷图片的分辨率应不低于 72 像素点/英寸。　　(　　)

2. RGB 颜色模式是一种光色屏幕颜色模式,不适合进行印刷。　　(　　)

3. 位图也叫栅格图像,是由很多个色块(像素)组成的图像。位图的每个像素点都含有位置和颜色信息。　　(　　)

4. 分辨率是指单位面积内图像所包含色彩信息的多少,通常用"像素/英寸"和"像素/厘米"表示。　　(　　)

5. PSD 格式是一种分层的且完全保存文件颜色信息的文件存储格式。　　(　　)

6. JPG 格式是一种合并图层且压缩比率非常卓越的文件存储格式。　　(　　)

7. 如果创建了一个选区,需要移动该选区的位置时,可用移动工具进行移动。(　　)

8. 背景层始终在最低层。　　(　　)

9. 计算机中的图像主要分为两大类:矢量图和位图,而 Photoshop 中绘制的是矢量图。
　　(　　)

10. 一个图像完成后其色彩模式不允许再发生变化。　　(　　)

第5章 动画技术与应用

　　动画的原理是通过连续播放一系列画面，给视觉造成连续变化的感觉。

　　动画是一种综合艺术，它是集合了绘画、漫画、电影、数字媒体、摄影、音乐、文学等众多艺术门类于一身的表现形式。动画是多媒体产品中最具吸引力的素材，具有表现力丰富、直观、易于理解、吸引注意力、风趣幽默等优点。

　　本章以 Flash 软件为例，主要介绍形状补间动画、动作补间动画、动画素材的获取和动画制作的一般流程等内容。

5.1 动画基础

5.1.1 动画的基本概念

动画是一种综合艺术，它是集合了绘画、漫画、电影、数字媒体、摄影、音乐、文学等众多艺术门类于一身的表现形式。动画最早发源于19世纪上半叶的英国，兴盛于美国，中国动画起源于20世纪20年代。1892年10月28日，埃米尔·雷诺首次在巴黎著名的葛莱凡蜡像馆向观众放映光学影戏，标志着动画的正式诞生，同时埃米尔·雷诺也被誉为"动画之父"。

动画技术较规范的定义是采用逐帧拍摄对象并连续播放而形成运动的影像技术。不论拍摄对象是什么，只要它的拍摄方式采用的是逐帧方式，观看时连续播放形成了活动影像，它就是动画。

Flash是通过更改连续帧的内容来创建动画的，通过将帧的内容进行移动、缩放、旋转、更改颜色和形状等制作出丰富多彩的动画效果。

5.1.2 动画的分类

Flash中动画大体分为两类：逐帧动画和补间动画。而补间动画又分为形状补间和动作补间两类。常用的动画还有引导动画和遮罩动画等。

(1) 逐帧动画：逐帧动画在每一帧中都会更改舞台内容，它最适合于图像在每一帧中都在变化而不是在舞台上移动的复杂动画。逐帧动画增加文件大小的速度比补间动画快得多。在逐帧动画中，Flash会存储每个完整帧的值。

(2) 形状补间：在一个特定时间绘制一个形状，然后在另一个特定时间更改该形状或绘制另一个形状。Flash会内插二者之间的帧的值或形状来创建动画。

(3) 动作补间：在一个特定时间定义一个实例、组或文本块的位置、大小和旋转等属性，然后在另一个特定时间更改这些属性来创建动画。

(4) 引导动画：在运动引导层绘制路径，补间实例、组或文本块可以沿着这些路径运动。可以将多个层链接到一个运动引导层，使多个对象沿同一条路径运动，从而形成引导动画。

(5) 遮罩动画：可以获得聚光灯效果和过渡效果等，使用遮罩层创建一个孔，通过这个孔可以看到下面的图层。遮罩项目可以是填充的形状、文字对象、图形元件的实例或影片剪辑。将多个图层组织在一个遮罩层下可创建复杂的效果。若要创建动态效果，可以让遮罩层动起来。对于用作遮罩的填充形状，可以使用补间形状；对于类型对象、图形实例或影片剪辑，可以使用补间动画。

5.2 Flash 概述

5.2.1 Flash 相关概念

1. 舞台

舞台是创建 Flash 文档时放置图形内容的矩形区域。创作环境中的舞台相当于 Flash Player 或 Web 浏览器窗口中在播放期间显示文档的矩形空间。要在工作时更改舞台的视图，可以使用放大和缩小功能。若要帮助在舞台上定位项目，可以使用网格、辅助线和标尺。Flash 舞台如图 5.1 所示。

图 5.1 Flash 舞台

舞台缩放比率取决于显示器的分辨率和文档大小。舞台上的最小缩小比率为 8%，最大放大比率为 2000%。

若要放大某个元素，选择"工具"面板中的"缩放"工具，然后单击该元素。若要在放大或缩小之间切换"缩放"工具，使用"放大"或"缩小"功能键(当"缩放"工具处于选中状态时位于"工具"面板的选项区域中)。

要放大或缩小特定的百分比，选择"视图"|"缩放比率"，然后从子菜单中选择一个百分比，或者从时间轴编辑栏右上角的"缩放"控件中选择一个百分比。

要缩放舞台以完全适合应用程序窗口，选择"视图"|"缩放比率"|"符合窗口大小"。

2. 时间轴

时间轴用于组织和控制一定时间内的图层和帧中的文档内容。与胶片一样，Flash 文档也以帧为单位。图层就像堆叠在一起的多张幻灯胶片，每个图层都包含显示在舞台中的不同图像。时间轴的主要组件是图层、帧和播放头。Flash 的时间轴如图 5.2 所示。

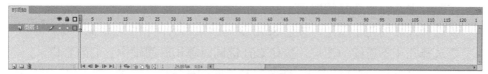

图 5.2 Flash 的时间轴

文档中的图层在时间轴左侧的显示列中。每个图层中包含的帧显示在该图层名右侧的一行中。时间轴顶部的时间轴标题指示帧编号。播放头指示当前在舞台中显示的帧。播放文档时，播放头从左向右通过时间轴。

时间轴状态显示在时间轴的底部，它指示所选的帧编号、当前帧频，以及到当前帧为止的运行时间。

注：在播放动画时，将显示实际的帧频；如果计算机不能足够快地计算和显示动画，则该帧频可能与文档的帧频设置不一致。

时间轴显示文档中哪些地方有动画，包括逐帧动画、补间动画和运动路径。

使用时间轴的图层部分中的控件可以隐藏、显示、锁定或解锁图层，并能将图层内容显示为轮廓；还可以将帧拖到同一图层中的不同位置，或是拖到不同的图层中。

3. 图层

Flash 文档中的每一个场景都可以包含任意数量的图层。图层可以帮助组织文档中的插图。用户可以在图层上绘制和编辑对象，而不会影响其他图层上的对象。在图层上没有内容的舞台区域中，可以透过该图层看到下面的图层。

要绘制、涂色或者对图层进行修改，需在时间轴中选择该图层以激活它。时间轴中图层名称旁边的铅笔图标表示该图层处于活动状态。只能有一个图层处于活动状态。

创建 Flash 文档时，默认只包含一个图层。要在文档中组织插图、动画和其他元素，需添加更多的图层。用户还可以隐藏、锁定或重新排列图层。可以创建的图层数只受计算机内存的限制，而且图层不会增加发布的 swf 文件的大小。只有放入图层的对象才会增加文件的大小。

为了有助于创建复杂效果，需使用特殊的图层引导层和遮罩层，具体将在 5.4.2 节中介绍。

(1) 图层的创建。创建图层之后，它将出现在所选图层的上方。新添加的图层将成为活动图层。

创建图层请执行下列操作之一：

➢ 单击时间轴底部的"新建图层"按钮。
➢ 选择"插入"|"时间轴"|"图层"。
➢ 右键单击时间轴中的一个图层名称，然后从快捷菜单中选择"插入图层"。

(2) 图层的选择。图层的选择请执行下列操作之一：

➢ 单击时间轴中图层的名称。

➢ 在时间轴中单击要选择的图层的任意一个帧。
➢ 在舞台中选择要选择的图层上的一个对象。
➢ 要选择连续的几个图层，按住 Shift 键同时单击时间轴中它们的名称。
➢ 要选择几个不连续的图层，按住 Ctrl 键同时单击时间轴中它们的名称。

(3) 图层的重命名。默认情况下，新图层是按照创建顺序命名的：第 1 层、第 2 层，……依此类推。为了更好地反映图层的内容，可以对图层进行重命名。

请执行下列操作之一：
➢ 双击时间轴中图层的名称，然后输入新名称。
➢ 右键单击图层的名称，然后从快捷菜单中选择"属性"。在"名称"框中输入新名称，然后单击"确定"按钮。
➢ 在时间轴中选择该图层，然后选择"修改"|"时间轴"|"图层属性"。在"名称"框中输入新名称，然后单击"确定"按钮。

(4) 图层的锁定或解锁。请执行下列操作之一：
➢ 要锁定图层，单击该图层名称右侧的"锁定"列。要解锁该图层，再次单击"锁定"列。
➢ 要锁定所有图层，单击挂锁图标。要解锁所有图层，再次单击它。
➢ 要锁定或解锁多个图层，在"锁定"列中拖动。
➢ 若要锁定所有其他图层，按住 Alt 键同时单击图层名称右侧的"锁定"列。要解锁所有图层，再次按住 Alt 键单击"锁定"列。

5.2.2 Flash 操作简介

1. 创建或打开文档

可以在 Flash 中创建新的文档或打开以前保存的文档，也可以在工作时打开新的窗口。

(1) 创建新文档的方法：选择"文件"|"新建"，在"常规"选项卡上选择"Flash 文档"。

(2) 创建与上次创建的文档类型相同的新文档：单击主工具栏中的"新建文件"按钮。

(3) 从模板创建新文档：选择"文件"|"新建"，单击"模板"选项卡，从"类别"列表中选择一个类别，并从"类别项目"列表中选择一个文档，然后单击"确定"。可以选择 Flash 自带的标准模板，也可以选择保存的模板。

(4) 打开现有文档：选择"文件"|"打开"，在"打开"对话框中，定位到文件或在"转到"框中输入文件的路径，单击"打开"。

(5) 文档属性的设置：在文档打开的情况下，选择"修改"|"文档"，即可打开"文档属性"对话框，如图 5.3 所示。

图 5.3 "文档属性"对话框

注：

帧频：每秒显示的动画帧的数量。对于大多数计算机显示的动画，特别是网站中播放的动画，帧频设置为 8fps～12fps(默认值)就足够了。

尺寸：设置舞台大小。要指定舞台大小(以像素为单位)，请在"宽"和"高"框中输入值。最小为 1×1 像素，最大为 2880×2880 像素。

要将舞台大小设置为内容四周的空间都相等，单击"匹配"右边的"内容"按钮。要最小化文档，需将所有元素对齐到舞台的左上角，然后单击"内容"。

要将舞台大小设置为最大的可用打印区域，单击"打印机"。此区域的大小是纸张大小减去"页面设置"对话框的"页边界"区域中当前选定边距之后的剩余区域。

要将舞台大小设置为默认大小(550×400 像素)，单击"默认"。

若要设置文档的背景颜色，单击"背景颜色"控件中的三角形，然后从调色板中选择颜色。

2. 添加媒体元素

创建并导入媒体元素，如图像、视频、声音、文本等。具体在后续章节中介绍。

3. 排列元素

在舞台上和时间轴中排列这些媒体元素，以定义它们在应用程序中显示的时间和显示方式。具体在后续章节中介绍。

4. 应用特殊效果

根据需要应用图形滤镜(如模糊、发光和斜角)、混合和其他特殊效果。具体在后续章节中介绍。

5. 使用 ActionScript 控制行为

编写 ActionScript 代码以控制媒体元素的行为方式，包括这些元素对用户交互的响应方式。具体在后续章节中介绍。

6. 保存 Flash 文档

请执行下列操作之一：

➢ 要覆盖磁盘上的当前版本，选择"文件"|"保存"。
➢ 要将文档保存到不同的位置或用不同的名称保存文档，或者要压缩文档，选择"文件"|"另存为"。

如果选择"另存为"，或者以前从未保存过该文档，需输入文件名和位置。

注：可以将文档另存为 FLASH CS5 文档，方法如下：选择"文件"|"另存为"，输入文件名和位置，从"格式"弹出菜单中选择"FLASH CS5 文档"，再单击"保存"。

重要说明：如果出现一条警告消息，指示如果保存为 FLASH CS5 格式则将删除内容，请单击"另存为 FLASH CS5"以继续。如果文档包含只能在 FLASH CS5 中使用的功能(如图形效果或行为)，则可能发生这种情况。Flash 以 FLASH CS5 格式保存文档时，不会保留这些功能。

7. 导出 Flash 内容

"导出"命令不会为每个文件单独存储导出设置，"发布"命令也一样。若要创建将 Flash 内容放到 Web 上所需的所有文件，需使用"发布"命令。

"导出影片"将 Flash 文档导出为静止图像格式，为文档中的每一帧创建一个带编号的图像文件，并将文档中的声音导出为.wav 文件。

导出方法如下：
(1) 打开要导出的 Flash 文档，或在当前文档中选择要导出的帧或图像。
(2) 选择"文件"|"导出"|"导出影片" | "导出图像"。
(3) 输入文件的名称。
(4) 选择文件格式并单击"保存"按钮。

5.2.3 Flash 动画文件格式

Flash 中可以处理各种文件类型，每种文件类型的用途各不相同，下面重点介绍常用的两种。

(1) FLA 文件是在 Flash 中使用的主要文件，其中包含 Flash 文档的基本媒体、时间轴和脚本信息。媒体对象是组成 Flash 文档内容的图形、文本、声音和视频对象。时间轴用于告诉 Flash 应何时将特定媒体对象显示在舞台上。脚本信息(ActionScript)可添加到 Flash 文档中，以便更好地控制文档的行为并使文档对用户交互做出响应。

(2) SWF文件(FLA文件的编译版本)是在网页上显示的文件。当发布 FLA 文件时，Flash 将创建一个 SWF 文件，它是一个可播放文件。

5.2.4 绘制矢量图

Flash 有两种绘制模式，为绘制图形提供了极大的灵活性。

1. 合并绘制模式

默认绘制模式是合并绘制模式，重叠绘制的图形时，会自动进行合并。如果选择的图形已与另一个图形合并，移动它则会永久改变其下方的图形。例如，如果绘制一个圆形并在其上方叠加一个较小的圆形，然后选择第二个圆形并进行移动，则会删除第一个圆形中与第二个圆形重叠的部分。合并绘制模式绘图效果如图 5.4 所示。

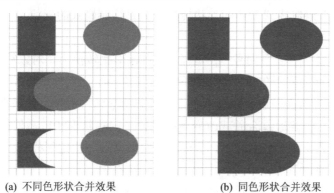

(a) 不同色形状合并效果　　　　(b) 同色形状合并效果

图 5.4　合并绘制模式绘图效果图

2. 对象绘制模式

将图形绘制成独立的对象，这些对象在叠加时不会自动合并。这样在分离或重新排列图形的外观时，会使图形重叠而不会改变它们的外观。Flash 将每个图形创建为独立的对象，可以分别进行处理。

选择使用"对象绘制"模式创建图形时，Flash 会在图形周围添加矩形边框。可以使用指针工具移动该对象，只需单击边框然后拖动图形将其置于舞台上。对象绘制模式绘图效果如图 5.5 所示。

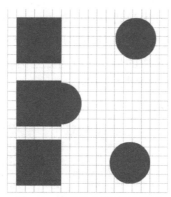

图 5.5　对象绘制模式效果图

(1) 使用对象绘制模式。默认情况下，Flash 使用"合并绘制"模式。若要使用"对象绘制"模式绘制图形，单击"工具"面板上的"对象绘制"按钮。

(2) 启用对象绘制模式。

① 选择一个支持"对象绘制"模式的绘画工具(如铅笔、线条、钢笔、刷子、椭圆、矩形和多边形工具)。

② 从"工具"面板的"选项"类别中选择"对象绘制"按钮◎，或按 J 键在"合并绘制"与"对象绘制"模式间切换。"对象绘制"按钮用于在"合并绘制"与"对象绘制"模式之间切换。选择使用"对象绘制"模式创建的图形时，可以设置接触感应的首选参数。

(3) 将使用合并绘制模式创建的形状转换为对象绘制模式的形状。

① 在舞台上选择形状。

② 选择"修改"|"合并对象"|"联合"，将该形状转换为"对象绘制"模式的形状。转换后，该形状被视为基于矢量的绘制对象，与其他形状交互时不会改变外观。

注：若要将两个或多个形状合成单个基于对象的形状，需使用"联合"命令。

(4) 合并对象。若要通过合并或改变现有对象来创建新形状，需使用"修改"菜单中的"合并对象"命令。在一些情况下，所选对象的堆叠顺序决定了操作的工作方式。"合并对象"命令有以下 4 种。

① 联合。将两个或多个形状合成单个形状。该命令会生成一个"对象绘制"模式形状，它由联合前形状上所有可见的部分组成，将删除形状上不可见的重叠部分。

注：与使用"组"命令("修改"|"组")不同，无法分离使用"联合"命令合成的形状。

② 交集。创建两个或多个对象交集的对象，生成的"对象绘制"形状由合并的形状的重叠部分组成，将删除形状上任何不重叠的部分。生成的形状使用堆叠中最上面的形状的填充和笔触。

③ 打孔。删除所选对象的某些部分，这些部分由所选对象与排在所选对象前面的另一个所选对象的重叠部分定义。将删除由最上面形状覆盖的形状的任何部分，并完全删除最上面的形状。生成的形状保持为独立的对象，不会合并为单个对象(不同于可将多个对象合在一起的"联合"或"交集"命令)。

④ 裁切。使用一个对象的形状裁切另一个对象。前面或最上面的对象定义裁切区域的形状。将保留与最上面的形状重叠的任何下层形状部分，而删除下层形状的所有其他部分，并完全删除最上面的形状。生成的形状保持为独立的对象，不会合并为单个对象(不同于可合并多个对象的"联合"或"交集"命令)。

合并对象各效果如图 5.6 所示。

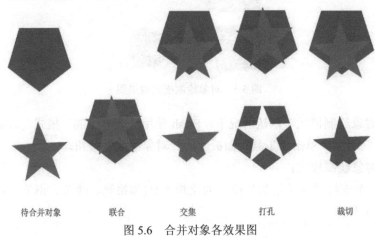

图 5.6　合并对象各效果图

5.2.5 选取工具

1. "选取"工具

使用"选取"工具可以选择全部对象，方法是单击某个对象或拖动对象以将其包含在矩形选取框内。

注：要选择"选取"工具，也可以按下 V 键。

- 若要选择笔触、填充、组、实例或文本块，单击对象。
- 若要选择连接线，双击其中一条线。
- 若要选择填充的形状及其笔触轮廓，双击填充。
- 若要选择矩形区域内的对象，在要选择的一个或多个对象周围拖画出一个选取框。
- 若要向选择区域中添加内容，在进行附加选择时按住 Shift 键。
- 若要选择场景每一层的全部内容，选择"选择"|"全选"，或者按下 Ctrl+A。"全选"不会选中被锁定、被隐藏或者不在当前时间轴中的图层上的对象。
- 若要取消选择每一层上的全部内容，选择"编辑"|"取消全选"，或者按下 Ctrl+Shift+A。
- 若要选择一个层上在关键帧之间的任何内容，单击时间轴中的一个帧。
- 若要锁定或解锁组或元件，选择组或元件，然后选择"修改"|"排列"|"锁定"。选择"修改"|"排列"|"解除全部锁定"可以解锁所有锁定的组和元件。

2. "套索"工具

在使用"套索"工具及其"多边形模式"功能键时，可以在不规则和直边选择模式之间切换。

(1) 绘制不规则选择区域。
① 围绕该区域拖动"套索"工具。
② 在开始位置附近结束拖动，形成一个环，或者让 Flash 自动用直线闭合成环。

(2) 绘制直边选择区域。
① 在"工具"面板的选项区中选择"套索"工具的"多边形模式"功能键。
② 单击设定起始点。
③ 将指针放在第一条线要结束的地方，然后单击，继续设定其他线段的结束点。
④ 要闭合选择区域，双击即可。

(3) 绘制一个包含不规则和直边的选择区域。
- 若要画一条不规则线段，在舞台上拖动"套索"工具。
- 若要绘制直线段，按住 Alt 键，然后单击设置每条新线段的起点和终点。
- 若要闭合选择区域，执行下列操作之一：
① 释放鼠标按键，Flash 将为关闭选择区域。
② 双击选择区域线的起始端。

5.2.6 对象操作

1. 层叠对象

在图层内，Flash 会根据对象的创建顺序层叠对象，将最新创建的对象放在最上面。对象的层叠顺序决定了它们在重叠时的出现顺序。可以在任何时候更改对象的层叠顺序。

画出的线条和形状总是在堆的组和元件的下面，要将它们移动到堆的上面，必须组合它们或者将它们变成元件。

图层也会影响层叠顺序。第 2 层上的任何内容都在第 1 层的任何内容之前，依此类推。要更改图层的顺序，可以在时间轴中将层名拖动到新位置。

移动对象或组，可执行下列操作之一：

(1) 选择"修改"|"排列"|"移至顶层"或"移至底层"可以将对象或组移动到层叠顺序的最前或最后。

(2) 选择"修改"|"排列"|"上移一层"或"下移一层"可以将对象或组在层叠顺序中向上或向下移动一个位置。

如果选择了多个组，这些组会移动到所有未选中的组的前面或后面，而这些组之间的相对顺序保持不变。

2. 对齐对象

"对齐"面板能够沿水平或垂直轴对齐所选对象，可以沿选定对象的右边缘、中心或左边缘垂直对齐对象，或者沿选定对象的上边缘、中心或下边缘水平对齐对象。具体步骤如下：

(1) 选择要对齐的对象。

(2) 选择"窗口"|"对齐"。

(3) 若要相对于舞台尺寸应用对齐方式发生的更改，在"对齐"面板中选择"相对于舞台"。

(4) 若要修改所选对象，选择对齐按钮。

3. 组对象

若要将多个元素作为一个对象来处理，需先将它们组合。例如，创建了一幅绘画后，可以将该绘画的元素合成一组，这样就可以将该绘画当成一个整体来选择和移动，从而带来很多方便。

当选择某个组时，"属性"检查器会显示该组的 x 和 y 坐标及其像素尺寸。

可以对组进行编辑而不必取消其组合。还可以在组中选择单个对象进行编辑，不必取消对象组合。

(1) 组合和取消组合对象。

① 选择要组合的对象，可以选择形状、其他组、元件、文本等。

② 若要组合对象，选择"修改"|"组合"，或者按下 Ctrl+G。

③ 若要取消对象的组合，选择"修改"|"取消组合"，或者按下 Ctrl+Shift+G。

(2) 编辑组或组中的对象。

① 选择要编辑的组。

② 选择"编辑"|"编辑所选项目",或用"选取"工具双击该组。页面上不属于该组的部分都将变暗,表明不属于该组的元素是不可访问的。

③ 编辑该组中的任意元素。选择"编辑"|"全部编辑",或用"选取"工具双击舞台上的空白处。

Flash 将组作为单个实体复原其状态,然后可以处理舞台中的其他元素。

(3) 分离组和对象。若要将组、实例和位图分离为单独的可编辑元素,使用"分离"命令,这会极大地减小导入图形的文件大小。

尽管可以在分离组或对象后立即选择"编辑"|"撤消",但分离操作不是完全可逆的。它会对对象产生如下影响:

➢ 切断元件实例到其主元件的链接。

➢ 放弃动画元件中除当前帧之外的所有帧。

➢ 将位图转换成填充。

➢ 在应用于文本块时,会将每个字符放入单独的文本块中。

➢ 应用于单个文本字符时,会将字符转换成轮廓。

注:不要将"分离"命令和"取消组合"命令混淆。"取消组合"命令可以将组合的对象分开,并将组合的元素返回到组合之前的状态。它不会分离位图、实例或文字,或将文字转换成轮廓。

分离组和对象的操作如下:

① 选择要分离的组、位图或元件。

② 选择"修改"|"分离"。

注:不建议分离动画元件或插补动画内的组,这可能引起无法预料的结果。分离复杂的元件和长文本块需要很长时间。若要正确分离复杂对象,可能需要增加应用程序的内存分配。

(4) 对象的变形。使用"任意变形"工具或"修改"|"变形"菜单中的选项,可以将图形对象、组、文本块和实例进行变形。根据所选元素的类型,可以变形、旋转、倾斜、缩放或扭曲该元素。在变形操作期间,可以更改或添加选择内容。

在对对象、组、文本框或实例进行变形时,该项目的"属性"检查器会显示对该项目的尺寸或位置所做的任何更改。

在涉及拖动的变形操作期间会显示一个边框。该边框是一个矩形(除非用"扭曲"命令或"封套"功能键修改过),矩形的边缘最初与舞台的边缘平行对齐。变形手柄位于每个角和每个边的中点。在拖动时,边框可以预览变形。

对象的变形主要包括以下几种。

① 扭曲对象。对选定的对象进行扭曲变形时,可以拖动边框上的角手柄或边手柄,移动该角或边,然后重新对齐相邻的边。按住 Shift 拖动角点可以将扭曲限制为锥化,即该

角和相邻角沿相反方向移动相同距离。相邻角是指拖动方向所在的轴上的角。按住 Ctrl 键单击拖动边的中点，可以任意移动整个边。

可以使用"扭曲"命令扭曲图形对象，还可以在将对象进行任意变形时扭曲它们。

注："扭曲"命令不能修改元件、图元形状、位图、视频对象、声音、渐变、对象组或文本。如果多项选区包含以上任意一项，则只能扭曲形状对象。若要修改文本，首先要将字符转换为形状对象。

具体操作如下：
- 在舞台上选择一个或多个图形对象。
- 选择"修改"|"变形"|"扭曲"。
- 将指针放到某个变形手柄上然后拖动。
- 若要结束变形操作，单击所选择的一个或多个对象以外的地方。

② 用"封套"功能键修改形状。"封套"功能键允许弯曲或扭曲对象。封套是一个边框，其中包含一个或多个对象。更改封套的形状会影响该封套内的对象的形状，可以通过调整封套的点和切线手柄来编辑封套形状。

注："封套"功能键不能修改元件、位图、视频对象、声音、渐变、对象组或文本。如果多项选区包含以上任意一项，则只能扭曲形状对象。若要修改文本，首先要将字符转换为形状对象。

具体操作如下：
- 在舞台上选择形状。
- 选择"修改"|"变形"|"封套"。
- 拖动点和切线手柄修改封套。

③ 缩放对象。缩放对象时可以沿水平方向、垂直方向或同时沿两个方向放大或缩小对象。具体操作如下：
- 在舞台上选择一个或多个图形对象。
- 选择"修改"|"变形"|"缩放"。

然后执行下列操作之一：
- 若要沿水平和垂直方向缩放对象，需拖动某个角手柄。缩放时长宽比例仍旧保持不变，按住 Shift 键拖动可以进行不一致缩放。
- 若要沿水平或垂直方向缩放对象，需拖动中心手柄。
- 若要结束变形操作，单击所选择的一个或多个对象以外的地方。

注：在同时增加很多项目的大小时，边框边缘附近的项目可能移动到舞台外面。如果出现这种情况，选择"视图"|"剪贴板"以查看超出舞台边缘的元素。

④ 旋转对象。旋转对象会使该对象围绕其变形点旋转。变形点与注册点对齐，默认位于对象的中心，但可以通过拖动来移动该点。

可以通过以下方式旋转对象：
- 使用"任意变形"工具拖动(可以在同一操作中倾斜和缩放对象)。

- 通过在"变形"面板中指定角度(可以在同一操作中缩放对象)。
- 通过拖动旋转和倾斜对象。

具体操作如下：
- 在舞台上选择一个或多个对象。
- 选择"修改"|"变形"|"旋转与倾斜"。

然后执行下列操作之一：
- 拖动角手柄旋转对象。
- 拖动中心手柄倾斜对象。
- 若要结束变形操作，单击所选择的一个或多个对象以外的地方。

⑤ 将对象旋转 90 度。具体操作如下：
- 选择一个或多个对象。
- 选择"修改"|"变形"|"顺时针旋转 90 度"进行顺时针旋转，或选择"逆时针旋转 90 度"进行逆时针旋转。

⑥ 倾斜对象。倾斜对象可以通过沿一个或两个轴倾斜对象来使之变形，也可以通过拖动或在"变形"面板中输入值来倾斜对象。具体操作如下：
- 选择一个或多个对象。
- 选择"窗口"|"变形"。
- 单击"倾斜"。
- 输入水平和垂直角度值。

⑦ 翻转对象。可以沿垂直或水平轴翻转对象，而不改变其在舞台上的相对位置。具体操作如下：
- 选择对象。
- 选择"修改"|"变形"|"垂直翻转"或"水平翻转"。

⑧ 还原变形对象。使用"变形"面板缩放、旋转和倾斜实例、组及字体时，Flash 会保存对象的初始大小与旋转值。该过程使可以删除已经应用的变形并还原初始值。

选择"编辑"|"撤消"只能撤消在"变形"面板中执行的最近一次变形。在取消选择对象之前单击"变形"面板中的"重置"按钮，可以重置在该面板中执行的所有变形。

⑨ 将变形的对象还原到初始状态。具体操作如下：
- 选择变形的对象。
- 选择"修改"|"变形"|"删除变形"。

⑩ 重置在"变形"面板中执行的变形。在变形对象仍处于选中状态时，单击"变形"面板中的"重置"按钮 。

5.2.7 绘图工具

1. 铅笔工具

若要绘制线条和形状，需使用铅笔工具，绘画的方式与使用真实铅笔大致相同。若要在绘画时平滑或伸直线条和形状，需为铅笔工具选择一种绘制模式。

(1) 选择铅笔工具 ✏。选择"窗口"|"属性"|"属性"，然后选择笔触颜色、线条粗细和样式。

在"工具"面板的"选项"下，选择一种绘制模式：

> 若要绘制直线，并将接近三角形、椭圆、圆形、矩形和正方形的形状转换为这些常见的几何形状，选择"伸直"。

> 若要绘制平滑曲线，选择"平滑"。

> 若要绘制不用修改的手画线条，选择"墨水"。

> 若要使用铅笔工具绘制，单击舞台并拖动，按住 Shift 拖动可将线条限制为垂直或水平方向。

各选项效果如图 5.7 所示。

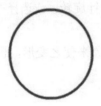

图 5.7　各选项绘画效果如图

(2) 绘制直线。若要一次绘制一条直线段，使用线条工具。

① 选择线条工具 ＼。

② 选择"窗口"|"属性"|"属性"，然后选择笔触属性。

注：无法为线条工具设置填充属性。

单击"工具"面板"选项"部分中的"对象绘制"按钮 ◎，以选择"合并绘制"或"对象绘制"模式。按下"对象绘制"按钮时，线条工具处于对象绘制模式。

将指针定位在线条起始处，并将其拖动到线条结束处。若要将线条的角度限制为 45° 的倍数，按住 Shift 拖动。

2．矩形和椭圆工具

使用矩形和椭圆工具可以创建这些基本几何形状，应用笔触和填充并指定圆角。除了"合并绘制"和"对象绘制"模式以外，矩形和椭圆工具还提供了图元对象绘制模式。

使用图元矩形工具或图元椭圆工具创建矩形或椭圆时，不同于使用对象绘制模式创建的形状，Flash 将形状绘制为独立的对象。图元形状工具可使用"属性"检查器中的控件，指定矩形的角半径及椭圆的开始角度、结束角度和内径。创建图元形状后，可以选择舞台上的形状，然后调整"属性"检查器中的控件来更改半径和尺寸。

注：只要选中这两个图元对象绘制工具中的一个，"属性"检查器将保留上次编辑的图元对象的值。例如，修改一个矩形然后绘制另一个矩形时。

(1) 绘制图元矩形。若要选择"基本矩形"工具，需在"矩形"工具 ▢ 上单击并按住鼠标左键，然后在弹出菜单中选择"基本矩形"工具▢。

若要创建图元矩形，需在舞台上拖动矩形图元工具。

注：若要在使用图元矩形工具拖动时更改角半径，需按向上箭头键或向下箭头键。当圆角达到所需圆度时，松开键。

在舞台上选中图元矩形时，可以使用"属性"检查器中的控件，进一步修改形状或指定填充和笔触颜色。矩形图元各属性如图 5.8 所示。

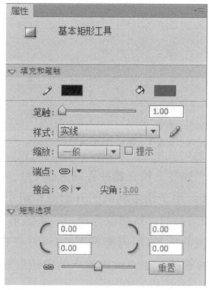

图 5.8　矩形图元属性检查器

特定于矩形图元工具的"属性"检查器控件如下。

> 矩形角半径控件：用于指定矩形的角半径。可以在框中输入内径的数值，或单击滑块相应地调整半径的大小。如果输入负值，则创建的是反半径。还可以取消选择限制角半径图标，然后分别调整每个角半径。

> 重置：将重置所有"基本矩形"工具控件，并将在舞台上绘制的基本矩形形状恢复为原始大小和形状。

若要对矩形的每个角指定不同的角半径，需取消选择位于"属性"检查器基本矩形半径控件部分中的锁定图标。锁定时，半径控件将受限制，因此每个角将使用相同的半径。

若要重置角半径，单击"属性"检查器中的"重置"按钮。

(2) 绘制图元椭圆。在"矩形"工具▢上单击并按住鼠标左键，然后选择"基本椭圆"工具◯。

若要创建图元椭圆，在舞台上拖动图元椭圆工具。若要将形状限制为圆形，按住 Shift 拖动。

在舞台上选中图元椭圆时，可以使用"属性"检查器中的控件，进一步修改形状或指定填充和笔触颜色。椭圆图元各属性如图 5.9 所示。

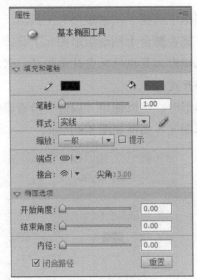

图 5.9 椭圆图元属性检查器

特定于图元椭圆工具的"属性"检查器控件如下。

> 开始角度和结束角度：用于指定椭圆的开始点和结束点的角度。使用这两个控件可以轻松地将椭圆和圆形的形状修改为扇形、半圆形及其他有创意的形状。
> 内径：用于指定椭圆的内径(即内侧椭圆)。可以在框中输入内径的数值，或单击滑块相应地调整内径的大小。允许输入的内径数值范围为 0～99，表示删除的椭圆填充的百分比。
> 闭合路径：用于指定椭圆的路径(如果指定了内径，则有多个路径)是否闭合。如果指定了一条开放路径，但未对生成的形状应用任何填充，则仅绘制笔触。默认情况下选择闭合路径。
> 重置：将重置所有"基本椭圆"工具控件，并将在舞台上绘制的基本椭圆形状恢复为原始大小和形状。

(3) 绘制椭圆和矩形。椭圆和矩形工具可创建这些基本几何形状。

若要选择"矩形"工具▪或"椭圆"工具●，在"矩形"工具上单击并按住鼠标左键拖动。

若要创建矩形或椭圆，在舞台上拖动矩形工具或椭圆工具。

对于矩形工具，通过单击"圆角矩形"功能键并输入一个角半径值就可以指定圆角。如果值为零，则创建的是直角。在拖动时按住向上箭头和向下箭头键可以调整圆角半径。

对于椭圆和矩形工具，按住 Shift 拖动可以将形状限制为圆形和正方形。

若要指定椭圆或矩形的像素大小，选择椭圆或矩形工具，然后按下 Alt 键，单击舞台以显示"椭圆和矩形设置"对话框。

对于椭圆，可以指定宽度和高度(以像素为单位)，以及是否从中心绘制椭圆。

对于矩形，可以指定宽度、高度(以像素为单位)、矩形角的圆角半径，以及是否从中心绘制矩形。

(4) 绘制多边形和星形。多边形工具可以创建多边形或星形。在"矩形"工具上单击并按住鼠标左键拖动,从弹出菜单选择"多边星形"工具◎。

① 选择"窗口"|"属性"|"属性",然后选择笔触和填充属性。

② 单击"选项",然后执行以下操作:

➢ 对于"样式",选择"多边形"或"星形"。

➢ 对于"边数",输入一个介于 3 到 32 之间的数字。

➢ 对于"星形顶点大小",输入一个介于 0 到 1 之间的数字,以指定星形顶点的深度。此数字越接近 0,创建的顶点就越深(像针一样)。如果是绘制多边形,应保持此设置不变。(它不会影响多边形的形状。)

③ 单击"确定"按钮。

④ 在舞台上拖动。

3. 刷子工具

刷子工具 ✎ 能绘制出刷子般的笔触,就像在涂色一样。它可以创建特殊效果,包括书法效果。使用刷子工具可以选择刷子大小和形状。

对于新笔触来说,刷子大小甚至在更改舞台的缩放比率级别时也保持不变,所以当舞台缩放比率降低时,同一个刷子大小就会显得太大。例如,假设将舞台缩放比率设置为 100%,并使用刷子工具以最小的刷子大小涂色。然后,将缩放比率更改为 50%,并用最小的刷子大小再画一次。绘制的新笔触就比以前的笔触显得粗 50%。(更改舞台的缩放比率并不更改现有刷子笔触的大小。)

在使用刷子工具涂色时,还可以使用导入的位图作为填充,在舞台上拖动即可绘画。若要将刷子笔触限制为水平和垂直方向,按住 Shift 拖动。

刷子工具的填充模式如表 5.1 所示。

表 5.1 刷子工具的填充模式

选 项	说 明
标准涂色	可对同一层的线条和填充涂色
填充涂色	对填充区域和空白区域涂色,不影响线条
后面涂色	在舞台上同一层的空白区域涂色,不影响线条和填充
颜料选择	在"填充颜色"控件或"属性"检查器的"填充"框中选择填充时,新的填充将应用到选区中,就像选中填充区域然后应用新填充一样
内部涂色	对开始刷子笔触时所在的填充进行涂色,但从不对线条涂色。如果在空白区域中开始涂色,则填充不会影响任何现有填充区域

4. 钢笔工具

若要绘制精确的路径(如直线或平滑流畅的曲线),需使用钢笔工具。使用钢笔工具绘画时,单击可以在直线段上创建点,拖动可以在曲线段上创建点。可以通过调整线条上的点来调整直线段和曲线段,将曲线转换为直线,或将直线转换为曲线,并显示用其他 Flash 绘画工具(如"铅笔""刷子""线条""椭圆"或"矩形"工具)在线条上创建的点,可以调整这些线条。

钢笔工具显示的不同指针反映其当前绘制状态，以下指针指示各种绘制状态。

> 初始锚点指针：选中钢笔工具后看到的第一个指针。指示下一次在舞台上单击鼠标时将创建初始锚点，它是新路径的开始(所有新路径都以初始锚点开始)。终止任何现有的绘画路径。

> 连续锚点指针：指示下一次单击鼠标时将创建一个锚点，并用一条直线与前一个锚点相连接。在创建所有用户定义的锚点(路径的初始锚点除外)时，显示此指针。

> 添加锚点指针：指示下一次单击鼠标时将向现有路径添加一个锚点。若要添加锚点，必须选择路径，并且钢笔工具不能位于现有锚点的上方。根据其他锚点，重绘现有路径。一次只能添加一个锚点。

> 删除锚点指针：指示下一次在现有路径上单击鼠标时将删除一个锚点。若要删除锚点，必须用选取工具选择路径，并且指针必须位于现有锚点的上方。根据删除的锚点，重绘现有路径。一次只能删除一个锚点。

> 连续路径指针：从现有锚点扩展新路径。若要激活此指针，鼠标必须位于路径上现有锚点的上方。仅在当前未绘制路径时，此指针才可用。锚点未必是路径的终端锚点；任何锚点都可以是连续路径的位置。

> 闭合路径指针：在正绘制的路径的起始点处闭合路径。只能闭合当前正在绘制的路径，并且现有锚点必须是同一个路径的起始锚点。生成的路径没有将任何指定的填充颜色设置应用于封闭形状，单独应用填充颜色。

> 连接路径指针：除了鼠标不能位于同一个路径的初始锚点上方外，与闭合路径工具基本相同。该指针必须位于唯一路径的任一端点上方。可能选中路径段，也可能不选中路径段。

注：连接路径可能产生闭合形状，也可能不产生闭合形状。

> 回缩贝塞尔手柄指针：当鼠标位于显示其贝塞尔手柄的锚点上方时显示。单击鼠标将回缩贝塞尔手柄，并使得穿过锚点的弯曲路径恢复为直线段。

> 转换锚点指针：将不带方向线的转角点转换为带有独立方向线的转角点。若要启用转换锚点指针，使用 Shift+C 功能键切换钢笔工具。

(1) 用钢笔工具绘制直线。

使用钢笔工具可以绘制的最简单路径是直线，方法是通过单击钢笔工具创建两个锚点。继续单击可创建由转角点连接的直线段组成的路径。

① 选择钢笔工具。

② 将钢笔工具定位在直线段的起始点并单击，定义第一个锚点。如果方向线出现，而意外地拖动了钢笔工具，则选择"编辑"|"撤消"，然后再次单击。

注：单击第二个锚点后，绘制的第一条线段才可见(除非已在"首选参数"对话框的"绘制"类别中指定"显示钢笔预览")。

③ 在想要该线段结束的位置处再次单击(按住 Shift 单击将该线段的角度限制为 45°的

倍数)。

④ 继续单击，为其他的直线段设置锚点。

(2) 用钢笔工具绘制曲线。

若要创建曲线，需在曲线改变方向的位置处添加锚点，并拖动构成曲线的方向线。方向线的长度和斜率决定了曲线的形状。

如果使用尽可能少的锚点拖动曲线，可更容易编辑曲线，系统可更快速显示和打印这些曲线。使用过多点会在曲线中造成不必要的凸起。可通过调整方向线长度和角度绘制间隔宽的锚点和练习设计曲线形状。

① 选择"钢笔"工具。

② 将钢笔工具定位在曲线的起始点，并按住鼠标左键。此时会出现第一个锚点，同时钢笔工具指针变为箭头。

③ 拖动设置要创建曲线段的斜率，然后松开鼠标左键。

一般而言，将方向线向计划绘制的下一个锚点延长约三分之一距离。(之后可以调整方向线的一端或两端。)

按住 Shift 键可将工具限制为 45° 的倍数。

曲线第一个点的绘制如图 5.10 所示。

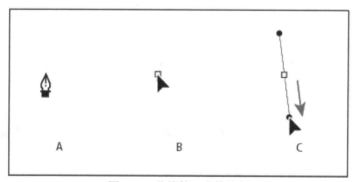

图 5.10　曲线第一点的绘制

其中：A、定位钢笔工具；B、开始拖动(鼠标按键按下)；C、拖动以延长方向线。

将钢笔工具定位到曲线段结束的位置，执行下列操作：若要创建 C 形曲线，请以上一方向线相反方向拖动，然后松开鼠标左键。

(3) 添加或删除锚点。

添加锚点可更好地控制路径，也可以扩展开放路径。但是，最好不要添加不必要的点。点越少的路径越容易编辑、显示和打印。若要降低路径的复杂性，删除不必要的点。

工具箱包含三个用于添加或删除点的工具：钢笔工具、添加锚点工具和删除锚点工具。

默认情况下，当将钢笔工具定位在选定路径上时，它会变为添加锚点工具，或者当将钢笔工具定位在锚点上时，它会变为删除锚点工具。

注：不要使用 Delete、Backspace 和 Clear 键，或者"编辑""剪切"或"编辑""清除"

命令来删除锚点，这些键和命令会删除点以及与之相连的线段。

添加或删除锚点的步骤如下。

① 选择要修改的路径。

② 在"钢笔"工具 上单击并按住鼠标左键，然后选择钢笔工具、添加锚点工具或删除锚点工具。

③ 若要添加锚点，将指针定位到路径段上，然后单击。若要删除锚点，将指针定位到锚点上，然后单击。

④ 调整路径上的锚点：

- 若要添加锚点，用钢笔工具单击线段。如果可以向选定的线段添加锚点，钢笔工具旁边将出现一个加号(+)。如果还未选择线段，可用钢笔工具单击线段来选中它，然后添加锚点。
- 若要删除转角点，用钢笔工具单击该点一次。如果可以删除选定线段中的锚点，钢笔工具旁边将出现一个减号(-)。如果还未选择线段，可用钢笔工具单击线段来选中它，然后删除锚点。
- 若要删除曲线点，用钢笔工具单击该点一次。如果可以删除选定线段中的锚点，钢笔工具旁边将出现一个减号(-)。如果还未选择线段，可用钢笔工具单击线段来选中它，然后删除转角点。(单击一次将该点转换为转角点，再单击一次删除该点。)

5. 擦除工具

使用橡皮擦工具进行擦除可删除笔触和填充。

(1) "橡皮擦"工具 。

- 双击"橡皮擦"工具即可快速删除舞台上的所有内容。
- 选择"橡皮擦"工具，然后单击"水龙头"功能键 ，单击可删除笔触段或填充区域。
- 通过拖动"橡皮擦"工具擦除部分区域。

"橡皮擦"擦除模式如表5.2所示。

表5.2 "橡皮擦"擦除模式

选 项	说 明
标准擦除	擦除同一层上的笔触和填充
擦除填色	只擦除填充，不影响笔触
擦除线条	只擦除笔触，不影响填充
擦除所选填充	只擦除当前选定的填充，不影响笔触(不论笔触是否被选中)。(以这种模式使用橡皮擦工具之前，需选择要擦除的填充。)
内部擦除	只擦除橡皮擦笔触开始处的填充。如果从空白点开始擦除，则不会擦除任何内容。以这种模式使用橡皮擦并不影响笔触

(2) 修改形状。

若要将线条转换为填充，首先选择一条或多条线条，然后选择"修改"|"形状"|"将

线条转换为填充"。选定的线条将转换为填充形状，这样就可以使用渐变来填充线条或擦除一部分线条。将线条转换为填充可能会增加文件大小，但同时可以加快一些动画的绘制。

若要扩展填充对象的形状，首先选择一个填充形状，然后选择"修改"|"形状"|"扩展填充"。输入"距离"的像素值并为"方向"选择"扩展"或"插入"。"扩展"可以放大形状，而"插入"则缩小形状。该功能在没有笔触且不包含很多细节的小型单色填充形状上使用效果最好。

若要柔化对象的边缘，首先选择一个填充形状，然后选择"修改"|"形状"|"柔化填充边缘"，并设置如表 5.3 所示各选项。

表 5.3 "柔化填充边缘"选项

选　　项	说　　明
距离	柔边的宽度(用像素表示)
步骤数	控制用于柔边效果的曲线数。使用的步骤数越多，效果就越平滑。增加步骤数还会使文件变大并降低绘画速度
扩展或插入	控制柔化边缘时是放大还是缩小形状

该功能在没有笔触的单一填充形状上使用效果最好，可能增加 Flash 文档和生成的 swf 文件的文件大小。

5.2.8　关于颜色

使用默认调色板或自己创建的调色板，可以选择应用于待创建对象或舞台中现有对象的笔触或填充的颜色。

在将笔触颜色应用于形状时，可以执行以下任一操作：

- 将纯色、渐变色或位图应用于形状的填充。若要将位图填充应用于形状，必须将位图导入到当前文件中，选择任意的纯色、渐变色、笔触的样式及粗细。
- 使用"无颜色"作为填充来创建只有轮廓没有填充的形状。
- 使用"无颜色"作为轮廓来创建没有轮廓的填充形状。
- 将纯色填充应用于文本。
- 使用"颜色"面板，可以在 RGB 和 HSB 模式下创建和编辑纯色和渐变填充。

要访问系统颜色选择器，按住 Alt 双击"工具"面板、"属性"检查器或"颜色"面板中的"笔触颜色"或"填充颜色"控件。

1. "颜色"面板

使用"颜色"面板，可以更改笔触和填充的颜色，"颜色"面板的功能如下：

- 使用"样本"面板导入、导出、删除和修改文件的调色板。
- 以十六进制模式选择颜色。
- 创建多色渐变。
- 使用渐变可达到各种效果，如赋予二维对象以深度感。

"颜色"面板如图 5.11 所示。

图 5.11　显示渐变控件的"颜色"面板

(1) "颜色"面板各选项如下：

① 笔触颜色：更改图形对象的笔触或边框的颜色。

② 填充颜色：更改填充颜色。填充是填充形状的颜色区域。

③ 类型菜单：更改填充样式。

- 无：删除填充。
- 纯色：提供一种单一的填充颜色。
- 线性：产生一种沿线性轨道混合的渐变。
- 放射状：产生从一个中心焦点出发沿环形轨道向外混合的渐变。
- 位图：用可选的位图图像平铺所选的填充区域。选择"位图"时，系统会显示一个对话框，可以通过该对话框选择本地计算机上的位图图像，并将其添加到库中，可以将此位图用作填充。
- RGB：可以更改填充的红、绿和蓝(RGB)的色密度。
- Alpha：Alpha 可设置实心填充的不透明度，或者设置渐变填充的当前所选滑块的不透明度。如果 Alpha 值为 0%，则创建的填充不可见(即透明)；如果 Alpha 值为 100%，则创建的填充不透明。

(2) 使用"属性"检查器选择笔触颜色、样式和粗细。

① 选择舞台上的一个或多个对象(对于元件，应先双击以进入元件编辑模式)。

② 选择"窗口"|"属性"|"属性"。

③ 选择笔触样式，单击"样式"菜单旁边的三角形，然后从菜单中选择一个选项。

若要创建自定义样式，可从"属性"检查器中选择"自定义"，接着在"笔触样式"对话框中选择选项，然后单击"确定"按钮。

注：选择非实心笔触样式会增加文件的大小。

④ 选择笔触粗细，单击"粗细"菜单旁边的三角形，然后设置滑块。

⑤ 指定笔触高度，执行下列操作之一：

➢ 在"高度"菜单中，选择其中一个预设值。预设值以磅表示。
➢ 在高度文本字段中输入一个介于 0 到 200 之间的值，然后按 Enter。
(3) 使用属性检查器来应用纯色填充。
① 在舞台上选择一个或多个闭合对象。
② 选择"窗口"|"属性"|"属性"。
③ 选择颜色，单击"填充颜色"控件边上的三角形，然后执行下列操作之一：
➢ 从调色板中选择一个颜色样本。
➢ 在框中输入颜色的十六进制值。
(4) 创建渐变。

渐变是一种多色填充，即一种颜色逐渐转变为另一种颜色。使用 Flash 能够将多达 15 种的颜色转变应用于渐变。Flash 可以创建以下两类渐变：
➢ 线性渐变是沿着一根轴线(水平或垂直)改变颜色。
➢ 放射状渐变从一个中心焦点向外改变颜色。可以调整渐变的方向、颜色、焦点位置，以及渐变的其他很多属性。

若要更改渐变中的颜色，则应从渐变定义栏下方选择一个颜色指针，然后双击渐变栏正下方显示的颜色空间，以显示"颜色选择器"，拖动"亮度"滑块来调整颜色的亮度。

若要向渐变中添加指针，单击渐变定义栏或渐变定义栏的下方，为新指针选择一种颜色。最多可以添加 15 个颜色指针，从而使可以创建多达 15 种颜色转变的渐变。

若要重新放置渐变上的指针，需沿着渐变定义栏拖动指针。将指针向下拖离渐变定义栏可以删除它。

若要保存渐变，单击"颜色"面板右上角的三角形，然后从菜单中选择"添加样本"，即可将渐变添加到当前文档的"样本"面板中。

2. 墨水瓶工具

若要更改线条或者形状轮廓的笔触颜色、宽度和样式，可使用墨水瓶工具。对直线或形状轮廓只能应用纯色，而不能应用渐变或位图。

使用墨水瓶工具而不是选择个别的线条，可以更容易地一次更改多个对象的笔触属性。操作步骤如下：
① 从工具栏中选择墨水瓶工具。
② 选择一种笔触颜色。
③ 从"属性"检查器中选择笔触样式和笔触宽度。若要应用对笔触的修改，则单击舞台中的对象。

3. 颜料桶工具

颜料桶工具可以用颜色填充封闭区域。此工具可执行以下操作：
➢ 填充空区域，然后更改已涂色区域的颜色。
➢ 用纯色、渐变填充和位图填充进行涂色。

➢ 使用颜料桶工具填充不完全闭合的区域。

使用颜料桶工具时，可让 Flash 闭合形状轮廓上的空隙。具体操作如下：

① 从工具栏中选择颜料桶工具。

② 选择一种填充颜色和样式。

③ 单击"空隙大小"功能键，然后选择一个空隙大小选项：如果要在填充形状之前手动封闭空隙，请选择"不封闭空隙"。对于复杂的图形，手动封闭空隙会更快一些。

④ 选择"关闭"选项可使 Flash 填充有空隙的形状。

注：如果空隙太大，可能必须手动封闭它们。

⑤ 单击要填充的形状或封闭区域。

4. 渐变变形工具

使用渐变变形工具，通过调整填充的大小、方向或者中心，可以使渐变填充或位图填充变形。操作步骤如下：

① 从"工具"面板中选择渐变变形工具。

② 单击用渐变或位图填充的区域，系统将显示一个带有编辑手柄的边框。当指针在这些手柄中的任何一个上面的时候，它会发生变化，显示该手柄的功能。渐变变形工具如图 5.12 所示。

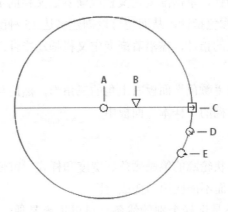

图 5.12 渐变变形工具

其中：

A 为中心点，中心点手柄的变换图标是一个四向箭头。

B 代表宽度，调整渐变的宽度。宽度手柄(方形手柄)的变换图标是一个双头箭头。

C 代表旋转，调整渐变的旋转。旋转手柄的变换图标(边框边缘底部的手柄图标)是组成一个圆形的四个箭头。

D 代表大小，大小手柄的变换图标(边框边缘中间的手柄图标)是内部有一个箭头的圆圈。

E 代表焦点，仅在选择放射状渐变时才显示焦点手柄。焦点手柄的变换图标是一个倒三角形。

5. 滴管工具

可以用滴管工具从一个对象复制填充和笔触属性，然后立即将它们应用到其他对象。滴管工具还允许从位图图像取样用作填充。

若要将笔触或填充区域的属性应用到另一个笔触或填充区域，首先选择滴管工具，然后单击要应用其属性的笔触或填充区域。

当单击一个笔触时，该工具自动变成墨水瓶工具。当单击已填充的区域时，该工具自动变成颜料桶工具，并且打开"锁定填充"功能键。单击其他笔触或已填充区域以应用新属性。

5.2.9 文本

在 Flash CS6 应用程序中可以通过多种方式使用文本，可以创建包含静态文本的文本字段。

1. 文本字段的类型

文本类型如表 5.4 所示。

表 5.4 文本类型

类型	说明
动态文本	创建一个显示动态更新的文本的字段
输入文本	创建一个供用户输入文本的字段
静态文本	创建一个无法动态更新的字段

可以创建水平文本(从左到右流向)或静态垂直文本(从右到左流向或从左到右流向)。

创建静态文本时，可以将文本放在单独的一行中，该行会随着输入而扩展，也可以将文本放在定宽字段(适用于水平文本)或定高字段(适用于垂直文本)中，这些字段会自动扩展和折行。在创建动态文本或输入文本时，可以将文本放在单独的一行中，也可以创建定宽和定高的文本字段。

Flash 在文本字段的一角显示一个手柄，用以标识该文本字段的类型：

- ➢ 对于扩展的静态水平文本，会在该文本字段的右上角出现一个圆形手柄。
- ➢ 对于具有固定宽度的静态水平文本，会在该文本字段的右上角出现一个方形手柄。
- ➢ 对于文本流向为从右到左并且扩展的静态垂直文本，会在该文本字段的左下角出现一个圆形手柄。
- ➢ 对于文本流向为从右到左并且高度固定的静态垂直文本，会在该文本字段的左下角出现一个方形手柄。
- ➢ 对于文本流向为从左到右并且扩展的静态垂直文本，会在该文本字段的右下角出现一个圆形手柄。

2. 文本字段的创建和编辑

默认情况下，文本是水平的，但是静态文本也可以垂直对齐。可以使用最常用的字处理方法编辑 Flash 中的文本。

(1) 向舞台中添加文本。具体操作如下：

① 选择"文本"工具T。

② 在"属性"检查器("窗口"|"属性"|"属性")中，从弹出菜单中选择一种文本类型来指定文本字段的类型。

③ 在"属性"检查器中，单击"改变文本方向"，然后选择一种文本方向和流向。(默认设置为"水平"。)

④ 在舞台上，执行下列操作之一：

➢ 要创建在一行中显示文本的文本字段，单击文本的起始位置。

➢ 要创建定宽(对于水平文本)或定高(对于垂直文本)的文本字段，将指针放在文本的起始位置，然后拖到所需的宽度或高度。

注：如果创建的文本字段在输入文本时延伸到舞台边缘以外，文本将不会丢失。若要使手柄再次可见，可添加换行符，移动文本字段，或选择"视图"|"剪贴板"。

➢ 在"属性"检查器中选择文本属性。

(2) 更改文本字段的大小。具体操作如下：

拖动文本字段调整大小手柄。选中文本后，会出现一个蓝色边框，可以通过拖动其中一个手柄来调整文本字段的大小。静态文本字段有 4 个手柄，使用它们可沿水平方向调整文本字段的大小。动态文本字段有 8 个手柄，使用它们可沿垂直、水平或对角线方向调整文本字段的大小。

(3) 选择文本字段中的字符。选择"文本"工具T，然后执行下列操作之一：

➢ 通过拖动选择字符。

➢ 双击选择一个单词。

➢ 单击指定选定内容的开头，然后按住 Shift 单击指定选定内容的末尾。

➢ 按 Ctrl+A 选中字段中的所有文本。

(4) 选择文本字段。使用"选取"工具单击一个文本字段。按住 Shift 并单击可选择多个文本字段。

3. 文本属性的设置

可以设置文本的字体和段落属性。字体属性包括字体系列、磅值、样式、颜色、字母间距、自动字距微调和字符位置。段落属性包括对齐、边距、缩进和行距。

创建新文本时，Flash 使用"属性"检查器中当前设置的文本属性。选择现有的文本时，可以使用"属性"检查器更改字体或段落属性，并指示 Flash 使用设备字体而不使用嵌入字体轮廓信息。通过文本属性检查器可以对字体、磅值、样式和颜色等进行设置。文本属性设置如图 5.13 所示。

动画技术与应用

图 5.13　文本属性设置

4．文本效果

可以通过对文本字段进行变形来创建文本效果。例如，可以对文本字段进行旋转、倾斜、翻转和缩放。变形后的文本字段中的文本依然可以编辑，但是严重的变形可能会使文本变得难以阅读。

还可以使用时间轴效果来使文本呈现动画效果。例如，可以使文本弹跳起来、淡入或淡出或产生爆炸效果。

(1) 分离文本，即将每个字符放在单独的文本字段中，然后可以快速地将文本字段分布到不同的图层，并使每个字段具有动画效果。(不能分离可滚动文本字段中的文本。)

还可以将文本转换为组成它的线条和填充，以便对它执行改变形状、擦除等操作。如同其他任何形状一样，可以单独将这些转换后的字符分组，或者将它们更改为元件并制作动画效果。将文本转换为线条和填充之后，就不能再编辑文本。

注：分离命令只适用于轮廓字体，如 TrueType 字体。

具体操作如下：

① 使用"选取"工具单击一个文本字段。

② 选择"修改"|"分离"或按快捷键 Ctrl+B。

③ 选定文本中的每个字符都会放入一个单独的文本字段中，文本在舞台上的位置保持不变。

④ 再次选择"修改"|"分离"，将舞台上的字符转换为形状。

(2) 将水平文本链接到 URL。具体操作如下：

① 选择文本或文本字段，执行下列操作之一：

➢ 使用"文本"工具T选择文本字段中的文本。

➢ 要链接文本字段中的所有文本，使用"选取"工具选择文本字段。

② 在"属性"检查器("窗口"|"属性"|"属性")的"链接"文本字段中，输入文本字段要链接到的 URL。

注：要创建指向电子邮件地址的链接，应使用 mailto:URL。例如，输入 mailto:

141

jsjxy@jlnu.edu.com。

【例 5.1】Flash 课件封面设计。

(1) 启动 Flash 应用程序，选择 Flash 文件(ActionScript 3.0)。

(2) 将图层 1 重命名为背景，选中基本矩形工具，设置及效果如图 5.14 所示。

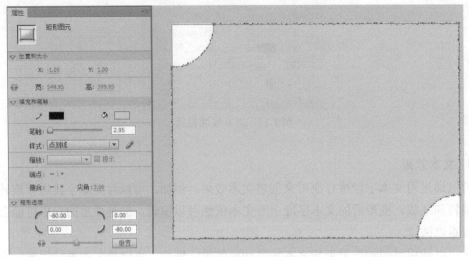

图 5.14　矩形设置及效果图

(3) 新建图层，重命名为文本，选择文本工具，设置及效果如图 5.15 所示。

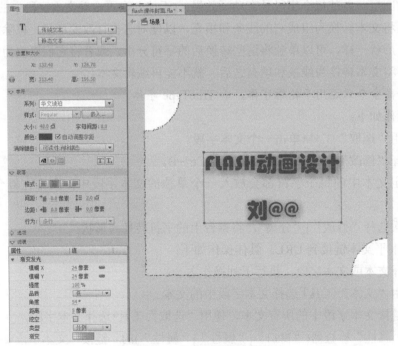

图 5.15　文本设置及效果图

(4) 选中文本图层第 15 帧按 F6 插入关键帧，选中文本，按两次 Ctrl+B 打散；在第 50

帧按 F6 插入关键帧，用多角形工具画三个五角星，在第 15 帧至 50 帧中右键单击选择创建补间形状；选中背景图层，在第 50 帧按 F5 插入普通帧；效果如图 5.16 所示。

图 5.16　Flash 课件设计效果图

(5) 选择"文件"|"保存"，在"另存为"对话框中选择好路径，输入文件名对文档进行保存。

(6) 按 Ctrl+Enter 键，测试影片。

5.2.10　元件

1. 元件概述

元件是指在 Flash 创作环境中创建过一次的图形、按钮或影片剪辑，然后可在整个文档或其他文档中重复使用。元件可以包含从其他应用程序中导入的插图。创建的任何元件都会自动成为当前文档库的一部分。

在文档中使用元件可以显著减小文件的大小，保存一个元件的几个实例比保存该元件内容的多个副本占用的存储空间小。例如，通过将诸如背景图像这样的静态图形转换为元件然后重新使用它们，可以减小文档的文件大小。使用元件还可以加快SWF 文件的回放速度，因为元件只需下载到 Flash Player 中一次。

在创作时或在运行时，可以将元件作为共享库资源在文档之间共享。对于运行时共享资源，可以把源文档中的资源链接到任意数量的目标文档中，而无须将这些资源导入目标文档。对于创作时共享的资源，可以用本地网络上可用的其他任何元件更新或替换一个元件。

如果导入的库资源和库中已有的资源同名，可以解决命名冲突，而不会意外地覆盖现有的资源。

2. 元件的类型

每个元件都有一个唯一的时间轴和舞台，以及几个图层。可以将帧、关键帧和图层添加至元件时间轴，就像可以将它们添加至主时间轴一样。创建元件时需要选择元件类型。元件主要有以下三种。

(1) 图形元件，可用于静态图像，并可用来创建连接到主时间轴的可重用动画片段。图形元件与主时间轴同步运行。交互式控件和声音在图形元件的动画序列中不起作用。由于没有时间轴，图形元件在 FLA 文件中的尺寸小于按钮或影片剪辑。

(2) 按钮元件，可以创建用于响应鼠标单击、滑过或其他动作的交互式按钮。可以定义与各种按钮状态关联的图形，然后将动作指定给按钮实例。

(3) 影片剪辑元件，可以创建可重用的动画片段。影片剪辑拥有各自独立于主时间轴的多帧时间轴。可以将多帧时间轴看作嵌套在主时间轴内，它们可以包含交互式控件、声音甚至其他影片剪辑实例。也可以将影片剪辑实例放在按钮元件的时间轴内，以创建动画按钮。此外，可以使用 ActionScript 对影片剪辑进行改编。

3. 元件的创建

可以通过舞台上选定的对象来创建元件，也可以创建一个空元件，然后在元件编辑模式下制作或导入内容，并在 Flash 中创建字体元件。元件可以拥有 Flash 的所有功能，包括动画。

通过使用包含动画的元件，可以创建包含大量动作的 Flash 应用程序，同时最大程度地减少文件大小。如果一个元件中包含重复或循环的动作，例如鸟的翅膀上下翻飞，则应该考虑在元件中创建动画。

若要向文档添加元件，需在创作时或在运行时使用共享库资源。

(1) 将选定元素转换为元件。在舞台上选择一个或多个元素，然后执行下列操作：

① 选择"修改"|"转换为元件"。

② 将选中元素拖到"库"面板上。

③ 右键单击，从快捷菜单中选择"转换为元件"。

④ 在"转换为元件"对话框中，输入元件名称并选择行为。

⑤ 在注册网格中单击，以便放置元件的注册点。

⑥ 单击"确定"按钮。

Flash 会将该元件添加到库中。舞台上选定的元素此时就变成了该元件的一个实例。创建元件后，可以通过选择"编辑"|"编辑元件"以在元件编辑模式下编辑该元件，也可以通过选择"编辑"|"在当前位置编辑"以在舞台的上下文中编辑该元件。也可以更改元件的注册点。

(2) 创建空元件。具体操作如下：

① 选择"插入"|"新建元件"。
② 单击"库"面板左下角的"新建元件"按钮。
③ 从"库"面板右上角的"库面板"菜单中选择"新建元件"。
④ 在"创建新元件"对话框中，输入元件名称并选择行为。
⑤ 单击"确定"按钮。

Flash 会将该元件添加到库中，并切换到元件编辑模式。在元件编辑模式下，元件的名称将出现在舞台左上角的上面，并由一个十字光标指示该元件的注册点。

要创建元件内容，可使用时间轴、绘画工具绘制、导入介质或创建其他元件的实例。

若要返回到文档编辑模式，执行下列操作：
① 单击"返回"按钮。
② 选择"编辑"|"编辑文档"。
③ 在编辑栏中单击场景名称。

在创建元件时，注册点位于元件编辑模式中的窗口的中心。可以将元件内容放置在与注册点相关的窗口中。若要更改注册点，在编辑元件时，应相对于注册点移动元件内容。

4. 元件的编辑

编辑元件时，Flash 会更新文档中该元件的所有实例。通过以下方式编辑元件：

➤ 使用"在当前位置编辑"命令在舞台上与其他对象一起进行编辑。其他对象以灰色显示方式出现，从而将它们和正在编辑的元件区别开来。正在编辑的元件的名称显示在舞台顶部的编辑栏内，位于当前场景名称的右侧。

➤ 在单独的窗口中使用"在新窗口中编辑"命令。在单独的窗口中编辑元件使可以同时看到该元件和主时间轴。正在编辑的元件的名称会显示在舞台顶部的编辑栏内。

➤ 使用元件编辑模式，可将窗口从舞台视图更改为只显示该元件的单独视图来编辑它。正在编辑的元件的名称会显示在舞台顶部的编辑栏内，位于当前场景名称的右侧。

当编辑元件时，Flash 将更新文档中该元件的所有实例，以反映编辑的结果。编辑元件时，可以使用任意绘画工具、导入媒体或创建其他元件的实例。

(1) 在当前位置编辑元件。执行下列操作之一：
➤ 在舞台上双击该元件的一个实例。
➤ 在舞台上选择元件的一个实例，右键单击，然后选择"在当前位置编辑"。
➤ 在舞台上选择该元件的一个实例，然后选择"编辑"|"在当前位置编辑"。

要退出"在当前位置编辑"模式并返回到文档编辑模式，执行下列操作：
① 单击"返回"按钮。
② 从编辑栏中的"场景"菜单选择当前场景名称。
③ 选择"编辑"|"编辑文档"。
④ 双击元件内容的外部。

(2) 在新窗口中编辑元件：在舞台上选择该元件的一个实例，右键单击，然后选择"在新窗口中编辑"，编辑元件。

若要更改注册点，在舞台上拖动该元件。一个十字光标会表明注册点的位置。

单击右上角的关闭框来关闭新窗口，然后在主文档窗口内单击以返回到编辑主文档。

(3) 在元件编辑模式下编辑元件。执行下列操作之一来选择元件：

➤ 双击"库"面板中的元件图标。

➤ 在舞台上选择该元件的一个实例，右键单击，然后从快捷菜单中选择"编辑"。

➤ 在舞台上选择该元件的一个实例，然后选择"编辑"|"编辑元件"。

➤ 在"库"面板中选择该元件，然后从"库面板"菜单中选择"编辑"，或者右键单击"库"面板中的该元件，然后选择"编辑"。

5. 创建实例

实例是指位于舞台上或嵌套在另一个元件内的元件副本。实例可以与它的元件在颜色、大小和功能上有差别。编辑元件会更新它的所有实例，但对元件的一个实例应用效果则只更新该实例。

创建元件之后，可以在文档中任何地方(包括在其他元件内)创建该元件的实例。当修改元件时，Flash 会更新元件的所有实例。

可以在属性检查器中为实例提供名称。若要指定色彩效果、分配动作、设置图形显示模式或更改新实例的行为，需使用属性检查器。除非另外指定，否则实例的行为与元件行为相同。所做的任何更改都只影响实例，并不影响元件。

(1) 创建元件的实例。Flash 只可以将实例放在关键帧中，并且总在当前图层上。如果没有选择关键帧，Flash 会将实例添加到当前帧左侧的第一个关键帧上。

注：关键帧是用来定义动画中的变化的帧。

具体操作如下：选择"窗口"|"库"，将该元件从库中拖到舞台上。

如果已经创建了图形元件的实例，若要添加将包含该图形元件的帧数，可选择"插入"|"时间轴"|"帧"。

(2) 更改实例的类型。若要在 Flash 应用程序中重新定义实例的行为，需更改其类型。例如，如果一个图形实例包含想要独立于主时间轴播放的动画，则可以将该图形实例重新定义为影片剪辑实例。

在舞台上选择实例，然后选择"窗口"|"属性"|"属性"。从属性检查器的菜单中选择"图形""按钮"或"影片剪辑"。

5.2.11 帧

与胶片一样，Flash 文档也以帧为时间单位。在时间轴中，使用这些帧来组织和控制文档的内容。在时间轴中放置帧的顺序将决定帧内对象在最终内容中的显示顺序。

帧的类型包括普通帧、关键帧、空白关键帧。其三者的区别在于，普通帧主要用于延续效果。而关键帧则是构成动画的基本单元，没有关键帧就不能制作动画。空白关键帧和关键帧的区别就是空白关键帧中没有对象而关键帧中有，需添加上去。

1. 普通帧

(1) 位置：往往跟在一个关键帧之后。

(2) 作用：起到延长关键帧的播放时间的效果。普通帧里的对象是静态的。

(3) 插入方法：单击关键帧之后的帧，在不放开左键的前提下，向后拖曳。在想插入普通帧的区域的最后一帧上放开左键，右击，在快捷菜单中单击"插入帧"。或者在要插入普通帧区域的最后一帧上按键盘上的快捷键 F5。

(4) 讨论：要想让一个画面保持一段时间而不是一闪即逝，可采用普通帧。插入的普通帧越多，在主时间轴上占用的时间越长，播放的时间也越长。

2. 关键帧

(1) 插入方法：构思好希望插入关键帧的位置，单击右键，在弹出的下拉菜单中选择"插入关键帧"。或者在要插入关键帧的位置按键盘上的快捷键 F6。

(2) 作用：关键帧是制作动画的基本元素。任何一段动画，都是在两个关键帧之间进行的。

(3) 讨论：插入关键帧，目的就是创建动画。要想在两个关键帧之间创建动画，可以在两个关键帧中间的任意一个帧上，单击右键，在弹出的下拉菜单中，选择"创建补间动画"，这时创建的是动作类的动画。如果想创建"移动补间动画"即"变形动画"，则选择"创建形状补间"。

3. 空白关键帧

(1) 插入方法：构思好希望插入空白关键帧的位置，单击右键，在弹出的下拉菜单中选择"插入空白关键帧"。或者在要插入空白关键帧的位置按键盘上的快捷键 F7。

(2) 作用：与"关键帧"刚好相反。通过空白关键帧，可以结束前面的关键帧，以便重新开始，为创建下一段新的动画打基础。

(3) 讨论：空白关键帧是一张白纸，需要画上新的图形或插入新的元件实例，才能发挥作用。当在它上面创建一些对象之后，则它就会变成"关键帧"，就可以创建新的动画。

各种帧类型如图 5.17 所示。

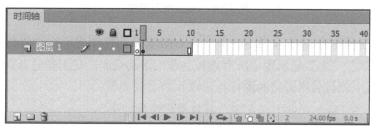

图 5.17　各种帧类型表示

5.3 动画素材的获取与编辑

5.3.1 动画素材的获取

使用 Flash 创建动画，除了自己绘制素材，大部分内容可以利用 Flash 文档库来获取，通常使用 Flash 文档库管理媒体资源。

Flash 文档中的库存储 Flash 创作环境中创建或在文档中导入的媒体资源。在 Flash 中可以直接创建矢量插图或文本；导入矢量插图、位图、视频和声音；创建元件。也可以使用 ActionScript 动态地将媒体内容添加至文档。

在 Flash 中工作时，可以打开任意 Flash 文档的库，将该文件的库项目用于当前文档。

Flash 还提供了几个含按钮、图形、影片剪辑和声音的公用库。Flash 的公用库如图 5.18 所示。

图 5.18 Flash 的公用库

可以将库资源作为 SWF 文件导出到一个 URL，从而在创建运行时共享库。

通过"窗口"|"库"显示库中所有项目名称的滚动列表，在工作时查看和组织这些元素。"库"面板中项目名称旁边的图标指示项目的文件类型。

(1) 在另一个 Flash 文件中打开库，具体操作步骤如下。

① 从当前文档选择"文件"|"导入"|"打开外部库"。

② 定位到要打开的库所在的 Flash 文件，然后单击"打开"按钮。

③ 所选文件的库在当前文档中打开,并在"库"面板顶部显示文件名。若要在当前文档中使用所选文件的库中的项目,需将这些项目拖到当前文档的"库"面板或舞台上。

(2) 库面板大小的调整。库面板的调整可执行下列操作之一:
① 拖动面板的右下角。
② 单击"宽状态"按钮,放大"库"面板以便显示所有列。
③ 单击"窄状态"按钮,缩小"库"面板的宽度。

(3) 库项目的使用。当选择"库"面板中的某个项目时,"库"面板的顶部会出现该项目的缩略图预览。如果选定项目是动画或者声音文件,则可以使用库预览窗口或"控制器"中的"播放"按钮预览该项目。库项目的使用主要有以下几种。
① 在当前文档中使用库项目。将项目从"库"面板拖动到舞台上,该项目就会添加到当前层上。
② 将舞台上的对象转换为库中的元件。将项目从舞台拖动到当前"库"面板上。
③ 在另一个文档内使用当前文档中的库项目。将项目从"库"面板或舞台拖入另一个文档的"库"面板或舞台。
④ 从另一个文档复制库项目。操作步骤如下:
➢ 选择包含这些库项目的文档。
➢ 在"库"面板中选择库项目。
➢ 选择"编辑"|"复制"。
➢ 选择要复制这些库项目的目标文档。
➢ 选择该文档的"库"面板。
➢ 选择"编辑"|"粘贴"。

(4) 在"库"面板中使用文件夹。可以在"库"面板中使用文件夹来组织项目。当创建一个新元件时,它会存储在选定的文件夹中。如果没有选定文件夹,该元件就会存储在库的根目录下。在"库"面板中对文件夹的操作主要有以下几种。
① 创建新文件夹。单击"库"面板底部的"新建文件夹"按钮。
② 打开或关闭文件夹。双击文件夹,或选择文件夹再从"库"面板的"面板"菜单中选择"展开文件夹"或"折叠文件夹"。
③ 打开或关闭所有文件夹。从"库"面板的"面板"菜单中选择"展开所有文件夹"或"折叠所有文件夹"。
④ 在文件夹之间移动项目。将项目从一个文件夹拖动到另一个文件夹。如果新位置中存在同名项目,Flash 会提示用移动的项目替换它。

(5) 库项目的重命名。更改导入文件的库项目名称并不会更改该文件名。需执行下列操作之一:
① 双击项目名称,然后在框中输入新名称。
② 选择项目并从"库"面板的"面板"菜单中选择"重命名",然后在框中输入新名称。

③ 右键单击项目,从快捷菜单中选择"重命名",然后在框中输入新名称。

(6) 库项目的删除。从库中删除一个项目时,除非指定不删除,否则文档中该项目的所有实例(即该项目的所有出现之处)也都会被删除。

库项目的删除,具体步骤如下:

① 选择项目,然后单击"库"面板底部的废纸篓图标。

② 在出现的警告框中,选择"删除元件实例"(默认),删除库项目及其所有实例。取消该选项的选择,就只会删除元件而保留舞台上的实例。

③ 单击"删除"按钮。

(7) 公用库的使用。Flash 附带的范例公用库可以向文档提供添加的按钮或声音等内容。公用库还可以自定义创建,然后与创建的任何文档一起使用。

在文档中使用公用库中的项目的方法如下:

① 选择"窗口"|"公用库",然后从子菜单中选择一个库。

② 将项目从公用库拖入当前文档的库。

5.3.2 动画素材的编辑

一般我们从 Flash 库中获取的素材是需要加工处理的,下面我们来看一下动画素材的编辑,本节主要介绍位图、声音两类。

1. 关于位图

将位图导入 Flash 时,该位图可以修改,并可用各种方式在 Flash 文档中使用它。如果 Flash 文档中显示的导入位图的大小比原始位图大,则图像可能扭曲。若要确保正确显示图像,需预览导入的位图。

(1) 使用属性检查器处理位图。

① 在舞台上选择一个位图实例。

② 选择"窗口"|"属性"|"属性"。

③ 可以通过"属性"检查器对位图的元件名称、像素尺寸及在舞台上的位置等进行设置。

(2) 分离位图。

分离位图会将图像中的像素分散到离散的区域中,可以分别选中这些区域并进行修改。分离位图时,可以使用 Flash 绘画和涂色工具修改位图。使用套索工具的"魔术棒"功能,可以选择已经分离的位图区域。

分离位图的方法如下:

① 选择当前场景中的位图。

② 选择"修改"|"分离"。

(3) 将位图转换为矢量图形。

"转换位图为矢量图"命令将位图转换为具有可编辑的离散颜色区域的矢量图形。将图像作为矢量图形处理，便可以减少文件大小。

将位图转换为矢量图形时，矢量图形不再链接到"库"面板中的位图元件。

注：如果导入的位图包含复杂的形状和许多颜色，则转换后的矢量图形的文件比原始的位图文件大。若要找到文件大小和图像品质之间的平衡点，可尝试"转换位图为矢量图"对话框中的各种设置。

将位图转换为矢量图形的方法如下：

① 选择当前场景中的位图。

② 选择"修改"|"位图"|"转换位图为矢量图"，弹出对话框，对话框中的属性设置如下。

- 颜色阈值：当两个像素进行比较后，如果它们在 RGB 颜色值上的差异低于该颜色阈值，则认为这两个像素颜色相同。如果增大了该阈值，则意味着降低了颜色的数量。
- 最小区域：输入一个值来设置为某个像素指定颜色时需要考虑的周围像素的数量。
- 曲线拟合：选择一个选项来确定绘制轮廓所用的平滑程度。
- 转角阈值：选择一个选项来确定保留锐边还是进行平滑处理。

若要创建最接近原始位图的矢量图形，可输入以下值：

- 颜色阈值：10
- 最小区域：1 像素
- 曲线拟合：像素
- 转角阈值：较多转角

2. 关于声音

Flash CS6 提供多种使用声音的方式，可以使声音独立于时间轴连续播放，或使用时间轴将动画与音轨保持同步。向按钮添加声音可以使按钮具有更强的互动性，通过声音淡入淡出还可以使音轨更加优美。

(1) Flash 中声音的类型，主要有事件声音和音频流。事件声音必须完全下载后才能开始播放，除非明确停止，否则它将一直连续播放。音频流在前几帧下载了足够的数据后开始播放；音频流要与时间轴同步以便在网站上播放。

(2) 声音的导入。将声音文件导入到当前文档的库，这样可以将声音文件放入到 Flash。Flash 中可以导入的声音文件格式常用的有 WAV 和 MP3。如果想在 Flash 文档之间共享声音，则可以把声音包含在共享库中。

声音要使用大量的磁盘空间和 RAM。但是，MP3 声音数据经过了压缩，比 WAV 数据小。通常，使用 WAV 时，最好使用 16～22kHz 单声(立体声使用的数据量是单声的两倍)，但是，Flash 可以导入采样比率为 11kHz、22kHz 或 44kHz 的 8 位或 16 位的声音。当将声音导入到 Flash 时，如果声音的记录格式不是 11kHz 的倍数(例如 8、32 或 96kHz)，将会重新采样。在导出时，Flash 会把声音转换成采样比率较低的声音。

如果要向 Flash 中添加声音效果，最好导入 16 位声音。如果 RAM 有限，应使用短的声音剪辑或用 8 位声音而不是 16 位声音。

导入声音的方法如下：

① 选择"文件"|"导入"|"导入到库"。

② 在"导入"对话框中，定位并打开所需的声音文件。

注：也可以将声音从公用库拖入当前文档的库中。

(3) 将声音添加到时间轴。可以使用库将声音添加至文档，方法如下：

① 如果还没有将声音导入库中，需先将其导入库中。

② 选择"插入"|"时间轴"|"图层"。

③ 选定新建的声音层后，将声音从"库"面板中拖到舞台中，声音就会添加到当前层中。

可以把多个声音放在一个图层上，或放在包含其他对象的多个图层上。但是，建议将每个声音放在一个独立的图层上，每个图层都作为一个独立的声道。播放 SWF 文件时，会混合所有图层上的声音。

对时间轴上的声音进行属性设置，操作如下：

① 在时间轴上，选择包含声音文件的第一个帧。

② 选择"窗口"|"属性"，并单击右下角的箭头以展开"属性"检查器。

③ 在"属性"检查器中，从"声音"弹出菜单中选择声音文件。

④ 从"效果"弹出菜单中选择效果选项，如表 5.5 所示。

表 5.5 声音效果选项

选　　项	说　　明
无	不对声音文件应用效果，选中此选项将删除以前应用的效果
左声道/右声道	只在左声道或右声道中播放声音
从左到右淡出/从右到左淡出	会将声音从一个声道切换到另一个声道
淡入	随着声音的播放逐渐增加音量
淡出	随着声音的播放逐渐减小音量
自定义	允许使用"编辑封套"创建自定义的声音淡入和淡出点

(4) 编辑声音。可以定义声音的起始点，或在播放时控制声音的音量；还可以改变声音开始播放和停止播放的位置。这对于通过删除声音文件的无用部分来减小文件的大小是很有用的。具体操作如下：

① 将声音添加至帧，或选择某个已经包含声音的帧。

② 选择"窗口"|"属性"。

③ 单击"属性"检查器右边的"编辑"按钮。

④ 根据实际需要执行下列任一操作：

➢ 若要改变声音的起始点和终止点，拖动"编辑封套"中的"开始时间"和"停止时间"控件。
> 若要更改声音封套，拖动封套手柄来改变声音中不同点处的级别。封套线显示声音播放时的音量。若要创建其他封套手柄(总共可达 8 个)，单击封套线。若要删除封套手柄，将其拖出窗口。
> 若要改变窗口中显示声音的多少，单击"放大"或"缩小"按钮。
> 若要在秒和帧之间切换时间单位，单击"秒"和"帧"按钮。
> 若要听编辑后的声音，单击"播放"按钮。

5.3.3 动画素材的获取与编辑实例

【例 5.2】小学语文古诗《静夜思》的制作。

启动 Flash 应用程序，选择 Flash 文件(Actionscript 3.0)，如图 5.19 所示。

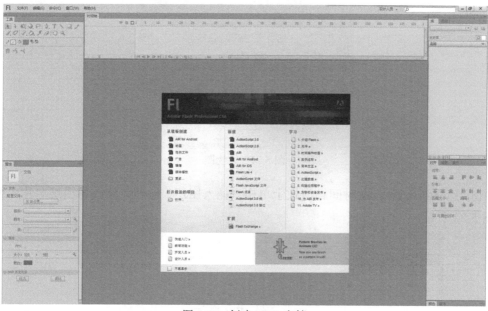

图 5.19　创建 Flash 文档

1. 准备素材

将素材图片"静夜思.jpg"、背景音乐"背景音乐.wav"导入到库，操作如下：
(1) 选择"文件"|"导入"|"导入到库"。
(2) 在"导入到库"对话框中同时选中"静夜思.jpg"及"背景音乐.wav"。
(3) 单击"打开"按钮。

2. 编辑素材

(1) 选择"插入"|"新建元件"。
(2) 在"创建新元件"对话框中做如图 5.20 所示设置。

图 5.20 人物图形元件的创建

(3) 单击"确定",进入图形元件的编辑。

(4) 将库面板中的"静夜思.jpg"拖曳到舞台上,选中图片,按 Ctrl+B 将图片打散。

(5) 选中工具箱中的套索工具,选取画面中人物之外的内容,按 Delete 键将其删除,细小部分用橡皮擦工具擦除,最终效果如图 5.21 所示。

图 5.21 人物图

(6) 返回到场景1,在时间轴面板上单击"插入图层"按钮,修改各图层名称,最终如图 5.22 所示。

图 5.22 图层内容

(7) 编辑背景图层,用椭圆工具画上月亮,用文本工具写上古诗,最终如图 5.23 所示。

图 5.23 背景图层内容

(8) 编辑音乐图层，选中音乐图层，将库面板中的"背景音乐.wav"拖曳到舞台上；选中第 70 帧按 F5 插入普通帧；将背景图层延续到第 70 帧。

(9) 编辑人物图层，选中本图层中第 15 帧按 F6 插入关键帧，将人物元件拖曳到舞台上，并设置其 Alpha 值为 0；在第 50 帧按 F6 插入关键帧，并将此帧中人物的 Alpha 值设置为 100，右击第 15 帧至第 50 帧间的任意帧，在快捷菜单中选择创建传统补间动画；在第 70 帧按 F5 插入普通帧，最终如图 5.24 所示。

图 5.24 人物图层内容

(10) 选择"文件"|"保存"，在"另存为"对话框中选择好路径，输入文件名对文档进行保存。

(11) 按 Ctrl+Enter 键，测试影片。

5.4 使用 Flash 制作动画

5.4.1 基本动画制作

Adobe Flash CS6 提供了多种方式用来创建动画和特殊效果，例如：时间轴特效、补间动画、在时间轴中更改连续帧的内容，以及逐帧动画，所有的一切都为创作精彩的动画内容提供了多种可能。

1. 逐帧动画

逐帧动画在每一帧中都会更改舞台内容，它最适合于图像在每一帧中都在变化而不是在舞台上移动的复杂动画。逐帧动画增加文件大小的速度比补间动画快得多。在逐帧动画中，Flash 会存储每个完整帧的值。

若要创建逐帧动画，需将每个帧都定义为关键帧，然后为每个帧创建不同的图像。每个新关键帧最初包含的内容和它前面的关键帧是一样的，因此可以递增地修改动画中的帧。

单击一个图层名称使之成为活动图层，然后在该图层中选择一个帧作为开始播放动画的帧。如果该帧还不是关键帧，需插入关键帧。

在序列的第一个帧上创建插图，可以使用绘画工具、从剪贴板中粘贴图形或导入一个文件。

若要添加内容和第一个关键帧内容一样的新关键帧，需单击同一行中右侧的下一个帧。

若要开发动画接下来的增量内容，需更改舞台上该帧的内容。

若要完成逐帧动画序列，重复执行，直到创建了所需的动作。

若要测试动画序列，选择"控制"|"播放"或单击"控制器"上的"播放"按钮。

【例 5.3】植物成长动画设计。

(1) 启动 Flash 应用程序，选择 Flash 文件(ActionScript 3.0)；

(2) 将舞台背景色改为蓝色，在第 1 帧中用刷子、椭圆、铅笔等工具画一颗种子，在第 2 帧按 F6 插入和第一帧一样的形状，做类似操作，各帧内容如图 5.25 所示。

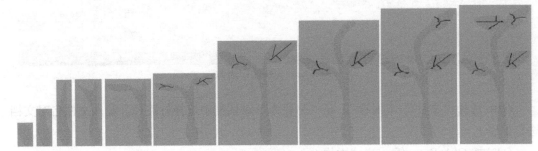

图 5.25 植物成长各帧内容

(3) 按 Ctrl+Enter 键，测试影片。

(4) 发现植物成长的动画过快，选中第 1 帧按五次 F5 键插入普通帧，以后各帧类似，完成后再按 Ctrl+Enter 键，测试影片。

2. 补间动画

Flash 可以创建以下三种类型的补间动画。

> 传统补间：在一个特定时间定义一个实例、组或文本块的位置、大小和旋转等属性，然后在另一个特定时间更改这些属性。也可以沿着路径应用补间动画。起始关键帧处的黑色圆点表示补间动画；带有浅蓝色背景的黑色箭头则表示中间的补间帧。

> 补间形状：在一个特定时间绘制一个形状，然后在另一个特定时间更改该形状或绘制另一个形状。Flash 会内插二者之间的帧的值或形状来创建动画。

注：若要对组、实例或位图图像应用形状补间，需分离这些元素。若要对文本应用形状补间，需将文本分离两次，从而将文本转换为对象。

> 补间动画：通过为不同帧中的对象属性指定不同的值而创建的动画，将补间直接应用于对象，而不是关键帧。Flash 计算这两个帧之间此属性的值，进行动画补间，也可以沿着路径应用补间动画。

补间动画是创建随时间移动或更改的动画的一种有效方法，并且可以最大程度地减少所生成的文件大小。在补间动画中，仅保存在帧之间更改的值。

注：起始关键帧处的黑色圆点表示补间形状；带有浅绿色背景的黑色箭头则表示中间的帧。虚线表示补间是断的或不完整的，例如，在最后的关键帧已丢失时。

若要补间实例、组和类型的属性的更改，需使用补间动画。Flash 可以补间实例、组和类型的位置、大小、旋转和倾斜。另外，Flash 可以补间实例和类型的颜色、创建渐变的颜色切换或使实例淡入或淡出。若要补间组或类型的颜色，需将它们变为元件。若要使文本块中的单个字符分别动起来，需将每个字符放在独立的文本块中。

如果应用补间动画，然后更改两个关键帧之间的帧数，或移动任一关键帧中的组或元件，Flash 会自动重新补间帧。

(1) 使用补间动画选项创建补间动画。单击图层名称使之成为活动层，然后在动画开始播放的图层中选择一个空白关键帧。执行下列操作：

① 用钢笔、椭圆、矩形、铅笔或刷子工具创建一个图形对象，然后把它转换为一个元件。

② 在舞台中创建一个实例、组或文本块。

③ 将元件的实例从"库"面板中拖出创建补间动画的第一个帧。

④ 创建第二个关键帧(即动画结束处)，并且选择这个为新的关键帧。

若要修改结束帧中的项目，执行以下任意一项操作：

> 将项目移动到新的位置。
> 修改项目的大小、旋转或倾斜。
> 修改项目的颜色(仅限实例或文本块)。

若要补间除实例和文本块以外的元素的颜色，使用补间形状。

单击补间帧范围内的任意帧，然后从属性检查器（"窗口"|"属性"|"属性"）的"补间"弹出菜单中选择"动画"。

若要产生更逼真的动画效果，可对补间动画应用缓动。若要对补间动画应用缓动，使用"缓动"滑块为创建的每个补间动画指定一个缓动值，或使用"自定义缓入/缓出"对话框来更精确地控制补间动画的速度。

拖动"缓动值"旁边的箭头或输入一个值，以调整补间帧之间的变化速率：

> 若要慢慢地开始补间动画，并朝着动画的结束方向加速补间，向上拖动滑块或输

入一个介于-1 和-100 之间的负值。
> 若要快速地开始补间动画,并朝着动画的结束方向减速补间,向下拖动滑块或输入一个 1 到 100 之间的正值。

若要在补间的帧范围内产生更复杂的速度变化,使用"自定义缓入/缓出"对话框。

默认情况下,补间帧之间的变化速率是不变的。缓动可以通过逐渐调整变化速率创建更为自然的加速或减速效果。

若要在补间时旋转所选的项目,从"旋转"菜单中选择一个选项:
> 若要防止旋转,选择"无"(默认设置)。
> 若要在需要最少动作的方向上将对象旋转一次,选择"自动"。
> 若要按指示旋转对象,然后输入一个指定旋转次数的数值,选择"顺时针"(CW)或"逆时针"(CCW)。

(2) 添加形状提示控制形状变化。

若要控制更加复杂或罕见的形状变化,可以使用形状提示。形状提示会标识起始形状和结束形状中相对应的点。例如,如果要补间一张正在改变表情的脸部图画时,可以使用形状提示来标记每只眼睛。这样在形状发生变化时,脸部就不会乱成一团,每只眼睛还都可以辨认,并在转换过程中分别变化。

形状提示包含字母(从 a 到 z),用于识别起始形状和结束形状中相对应的点,最多可以使用 26 个形状提示。

起始关键帧中的形状提示是黄色的,结束关键帧中的形状提示是绿色的,当不在一条曲线上时为红色。

要在补间形状时获得最佳效果,遵循以下这些准则:
> 在复杂的补间形状中,需要创建中间形状然后再进行补间,而不要只定义起始和结束的形状。
> 确保形状提示是符合逻辑的。例如,如果在一个三角形中使用三个形状提示,则在原始三角形和要补间的三角形中它们的顺序必须相同。例如,若它们的顺序在第一个关键帧中是 abc,那么在第二个关键帧中也必须是 abc。
> 如果按逆时针顺序从形状的左上角开始放置形状提示,它们的工作效果最好。

5.4.2 高级动画制作

1. 引导动画

为了在绘画时帮助对齐对象,需创建引导层,然后将其他图层上的对象与在引导层上创建的对象对齐。引导层不会导出,因此不会显示在发布的 SWF 文件中。任何图层都可以作为引导层。图层名称左侧的辅助线图标表明该层是引导层。

要控制运动补间动画中对象的移动情况,需创建运动引导层。

注:将一个常规图层拖到引导层上就会将该引导层转换为运动引导层。为了防止意外

转换引导层，可以将所有的引导层放在图层顺序的底部。

选择图层，然后右键单击，然后从快捷菜单中选择"引导层"。要将该层改回常规层，再次选择"引导层"。

如果要使用运动路径，选择"对齐"以通过补间元素的注册点将补间元素附加到运动路径。

运动引导层可以绘制路径，使补间实例、组或文本块沿着这些路径运动。可以将多个层链接到一个运动引导层，使多个对象沿同一条路径运动。链接到运动引导层的常规层就成为引导层。

(1) 为补间动画创建运动路径。创建有补间动画的动画序列：如果选择"调整到路径"，补间元素的基线就会调整到运动路径。如果选择"对齐"，补间元素的注册点将会与运动路径对齐。

执行下列操作：

① 选择包含动画的图层，然后选择"插入"|"时间轴"|"运动引导层"。

② 右键单击包含动画的图层，然后选择"添加引导层"。Flash 会在所选图层之上创建一个新图层，该图层名称的左侧有一个运动引导层图标。

③ 使用"钢笔""铅笔""直线""圆形""矩形"或"刷子"工具绘制所需的路径。将中心与线条在第一帧中的起点和最后一帧中的终点对齐。

注：通过拖曳元件的注册点能获得最好的对齐效果。

若要隐藏运动引导层和线条，以便在工作时只显示对象的移动，单击运动引导层上的"眼睛"列。

(2) 将图层和运动引导层链接起来。执行下列操作：

① 将现有图层拖到运动引导层的下面，该图层在运动引导层下面以缩进形式显示，该图层上的所有对象自动与运动路径对齐。

② 在运动引导层下面创建一个新图层，在该图层上补间的对象自动沿着运动路径补间。

③ 在运动引导层下面选择一个图层，选择"修改"|"时间轴"|"图层属性"，然后选择"引导层"。

(3) 断开图层和运动引导层的链接。选择要断开链接的图层，然后执行下列操作之一：

① 拖动运动引导层上面的图层。

② 选择"修改"|"时间轴"|"图层属性"，然后选择"正常"作为图层类型。

【例 5.4】满天飞雪动画设计。

(1) 启动 Flash 应用程序，选择 Flash 文件(ActionScript 3.0)；

(2) 将舞台背景色改为蓝色，将图层 1 重命名为背景，在第 1 帧中用刷子、椭圆、铅笔等工具画一颗大树，内容如图 5.26 所示。

(3) 插入一个图形元件雪花，内容如图 5.27 所示。

图 5.26　舞台布景

图 5.27　雪花图形元件

（4）插入一个影片剪辑元件雪花落，从库中将雪花图形元件拖曳到图层 1 第 1 帧中，右键图层 1，选择添加传统运动引导层，在此图层中画出雪花的运动路径，在第 100 帧按 F6 插入关键帧，按路径端点调整好雪花的位置，在雪花层创建补间动画，按以上方法再添加三个雪花层及引导层，最终内容如图 5.28 所示。

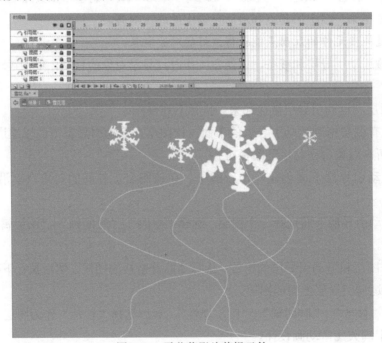
图 5.28　雪花落影片剪辑元件

（5）返回舞台上的场景 1，将背景图层内容延伸至 100 帧，并在此图层上新建图层，并重命名为雪花 1，将雪花落影片剪辑拖入舞台之外，再新建图层，并重命名为雪花 2，在第 20 帧将雪花落影片剪辑拖入舞台之外，类似添加。

(6) 新建图层，并重命名为积雪，做出雪花在地面及树上堆积的效果，分别在第 20、40、60、80 和 100 帧用刷子工具绘图，内容如图 5.29 所示。

图 5.29　最终设计图

(7) 选择"文件"|"保存"，在"另存为"对话框中选择好路径，输入文件名对文档进行保存。

(8) 按 Ctrl+Enter 键，测试影片。

2. 遮罩动画

若要获得聚光灯效果和过渡效果，可以使用遮罩层创建一个孔，通过这个孔可以看到下面的图层。遮罩项目可以是填充的形状、文字对象、图形元件的实例或影片剪辑。将多个图层组织在一个遮罩层下可创建复杂的效果。

若要创建动态效果，可以让遮罩层动起来。对于用作遮罩的填充形状，可以使用补间形状；对于类型对象、图形实例或影片剪辑，可以使用补间动画。当使用影片剪辑实例作为遮罩时，可以让遮罩沿着运动路径运动。

若要创建遮罩层，将遮罩项目放在要用作遮罩的图层上。与填充或笔触不同，遮罩项目就像一个窗口一样，透过它可以看到位于它下面的链接层区域。除了透过遮罩项目显示的内容之外，其余的所有内容都被遮罩层的其余部分隐藏起来。一个遮罩层只能包含一个遮罩项目。遮罩层不能在按钮内部，也不能将一个遮罩应用于另一个遮罩。

可以使用遮罩层来显示下方图层中图片或图形的部分区域。若要创建遮罩，首先将图层指定为遮罩层，然后在该图层上绘制或放置一个填充形状。可以将任何填充形状用作遮罩，包括组、文本和元件。透过遮罩层可查看该填充形状下的链接层区域。

(1) 创建遮罩层。具体操作如下：

① 选择或创建一个图层，其中包含出现在遮罩中的对象。

② 选择"插入"|"时间轴"|"图层"，以在其上创建一个新图层。遮罩层总是遮住其下方紧贴着它的图层，因此需在正确的位置创建遮罩层。

③ 在遮罩层上放置填充形状、文字或元件的实例。Flash 会忽略遮罩层中的位图、渐变、透明度、颜色和线条样式。在遮罩中的任何填充区域都是完全透明的；而任何非填充区域都是不透明的。

④ 右键单击时间轴中的遮罩层名称，然后选择"遮罩"，将出现一个遮罩层图标，表示该层为遮罩层。紧贴它下面的图层将链接到遮罩层，其内容会透过遮罩上的填充区域显示出来。被遮罩的图层的名称将以缩进形式显示，其图标将更改为一个被遮罩的图层的图标。

若要在 Flash 中显示遮罩效果，需锁定遮罩层和被遮住的图层。

(2) 创建遮罩层后遮住其他的图层。可执行下列操作之一实现该效果：

① 将现有的图层直接拖到遮罩层下面。

② 在遮罩层下面的任何地方创建一个新图层。

③ 选择"修改"|"时间轴"|"图层属性"，然后选择"被遮罩"。

(3) 断开图层和遮罩层的链接。选择要断开链接的图层，然后执行下列操作之一：

① 将图层拖到遮罩层的上面。

② 选择"修改"|"时间轴"|"图层属性"，然后选择"正常"。

(4) 使遮罩层上的填充形状、类型对象或图形元件实例动起来。具体操作如下：

① 选择时间轴中的遮罩层。

② 若要解除对遮罩层的锁定，单击"锁定"列。

③ 执行下列操作之一：

➢ 如果遮罩对象为填充形状，对该对象应用补间形状。

➢ 如果遮罩对象是类型对象或图形元件实例，对该对象应用补间动画。

④ 完成了动画操作后，单击遮罩层的"锁定"列，再次锁定该图层。

【例 5.5】探照灯突出文字动画设计。

(1) 启动 Flash 应用程序，选择 Flash 文件(ActionScript 3.0)。

(2) 在图层 1 中选择文本工具，设置及文本如图 5.30 所示。

(3) 新建图层，并将其设置为遮罩层，用椭圆工具画一个圆形，大小正好遮住字体，同时选中两个图层的第 60 帧，按 F6 插入关键帧；在遮罩层的第 60 帧，将圆形移到文本最后，创建传统补间动画。

(4) 选择"文件"|"保存"，在"另存为"对话框中选择好路径，输入文件名对文档进行保存。

(5) 锁定各图层，按 Ctrl+Enter 键，测试影片。

图 5.30　文本及其设置

3. 滤镜概述

使用 Flash 滤镜(图形效果)，可以为文本、按钮和影片剪辑增添有趣的视觉效果。Flash 所独有的一个功能是可以使用补间动画让应用的滤镜动起来。

使用 Flash 混合模式，可以创建复合图像。复合是改变两个或两个以上重叠对象的透明度或者颜色相互关系的过程。混合模式也为对象和图像的不透明度增添了控制尺度。可以使用 Flash 混合模式来创建用于透显下层图像细节的加亮效果或阴影，或者对不饱和的图像涂色。

在"属性"检查器中，对象每添加一个新的滤镜，就会将其添加到该对象所应用的滤镜的列表中。可以对一个对象应用多个滤镜，也可以删除以前应用的滤镜。只能对文本、按钮和影片剪辑对象应用滤镜。

可以创建滤镜设置库，轻松地将同一个滤镜或滤镜集应用于对象。Flash 将创建的滤镜预设存储在"属性"检查器上，位置是"滤镜"|"预设"菜单中的"滤镜"选项卡。

(1) 应用投影。投影滤镜模拟对象投影到一个表面的效果，具体操作如下：

① 选择要应用投影的对象，然后选择"滤镜"。

② 单击"添加滤镜"(+)按钮，然后选择"投影"。

③ 在"滤镜"选项卡上编辑滤镜设置：

➢ 若要设置投影的宽度和高度，拖动"模糊 X"和"模糊 Y"滑块。

- 若要设置阴影与对象之间的距离，拖动"距离"滑块。
- 若要打开"颜色选择器"并设置阴影颜色，单击颜色控件。
- 若要设置阴影暗度，拖动"强度"滑块。数值越大，阴影就越暗。
- 若要设置阴影的角度，输入一个值，或者单击角度选取器并拖动角度盘。
- 选择"挖空"可挖空(即从视觉上隐藏)源对象，并在挖空图像上只显示投影。
- 若要在对象边界内应用阴影，选择"内侧阴影"。
- 若要隐藏对象并只显示其阴影，选择"隐藏对象"。使用"隐藏对象"可以更轻松地创建选择投影的质量级别。设置为"高"则近似于高斯模糊。设置为"低"可以实现最佳的回放性能。

(2) 应用发光。使用"发光"滤镜，可以为对象的周边应用颜色。具体操作如下：
① 选择要应用发光的对象，然后选择"滤镜"。
② 单击"添加滤镜"(+)按钮，然后选择"发光"。
③ 在"滤镜"选项卡上编辑滤镜设置：
- 若要设置发光的宽度和高度，拖动"模糊 X"和"模糊 Y"滑块。
- 若要打开"颜色选择器"并设置发光颜色，单击颜色控件。
- 若要设置发光的清晰度，拖动"强度"滑块。
- 若要挖空(即从视觉上隐藏)源对象并在挖空图像上只显示发光，选择"挖空"，使用带"挖空"选项的发光滤镜。
- 若要在对象边界内应用发光，选择"内侧发光"。选择发光的质量级别，设置为"高"则近似于高斯模糊。设置为"低"可以实现最佳的回放性能。

(3) 应用斜角。应用斜角就是向对象应用加亮效果，使其看起来凸出于背景表面。具体操作如下：
① 选择要应用斜角的对象，然后选择"滤镜"。
② 单击"添加滤镜"(+)按钮，然后选择"斜角"。
③ 在"滤镜"选项卡上编辑滤镜设置：
- 若要从"类型"弹出菜单中将斜角应用于对象，选择斜角类型。
- 若要设置斜角的宽度和高度，拖动"模糊 X"和"模糊 Y"滑块。
- 从弹出的调色板中，选择斜角的阴影和加亮颜色。
- 若要设置斜角的不透明度并且不影响其宽度，拖动"强度"滑块。
- 若要更改斜边投下的阴影角度，拖动"角度"盘或输入一个值。
- 若要定义斜角的宽度，在"距离"中输入一个值。
- 若要挖空(即从视觉上隐藏)源对象并在挖空图像上只显示斜角，选择"挖空"。

(4) 应用渐变发光。应用渐变发光，可以在发光表面产生带渐变颜色的发光效果。渐变发光要求渐变开始处颜色的 Alpha 值为 0。不能移动此颜色的位置，但可以改变该颜色。具体操作如下：
① 选择要应用渐变发光的对象，然后选择"滤镜"。

② 单击"添加滤镜"(+)按钮，然后选择"渐变发光"。
③ 在"滤镜"选项卡上编辑滤镜设置：
➢ 从"发光类型"弹出菜单上，选择要为对象应用的发光类型。
➢ 若要设置发光的宽度和高度，拖动"模糊 X"和"模糊 Y"滑块。
➢ 若要设置发光的不透明度并且不影响其宽度，拖动"强度"滑块。
➢ 若要更改发光投下的阴影角度，拖动"角度"盘或输入一个值。
➢ 若要设置阴影与对象之间的距离，拖动"距离"滑块。
➢ 若要挖空(即从视觉上隐藏)源对象并在挖空图像上只显示渐变发光，选择"挖空"。
➢ 指定发光的渐变颜色。渐变包含两种或多种可相互淡入或混合的颜色，选择的渐变开始颜色称为 Alpha 颜色。
➢ 若要更改渐变中的颜色，从渐变定义栏下面选择一个颜色指针，然后单击渐变栏下方紧邻着它显示的颜色空间以显示"颜色选择器"。滑动这些指针，可以调整该颜色在渐变中的级别和位置。
➢ 若要向渐变中添加指针，单击渐变定义栏或渐变定义栏的下方。若要创建有多达 15 种颜色转变的渐变，全部添加 15 个颜色指针。若要重新放置渐变上的指针，沿着渐变定义栏拖动指针。若要删除指针，将指针向下拖离渐变定义栏。

(5) 应用渐变斜角。应用渐变斜角可以产生一种凸起效果，使得对象看起来好像从背景上凸起，且斜角表面有渐变颜色。渐变斜角要求渐变的中间有一种颜色的 Alpha 值为 0。具体操作如下：
① 选择要应用渐变斜角的对象，然后选择"滤镜"。
② 单击"添加滤镜"(+)按钮，然后选择"渐变斜角"。
③ 在"滤镜"选项卡上编辑滤镜设置：
➢ 从"类型"弹出菜单上，选择要为对象应用的斜角类型。
➢ 若要设置斜角的宽度和高度，拖动"模糊 X"和"模糊 Y"滑块。
➢ 若要影响斜角的平滑度而不影响其宽度，输入强度值。
➢ 若要设置光源的角度，输入一个角度值或者使用弹出的"角度"盘。
➢ 若要挖空(即从视觉上隐藏)源对象并在挖空图像上只显示渐变斜角，选择"挖空"。
➢ 指定斜角的渐变颜色。渐变包含两种或多种可相互淡入或混合的颜色。中间的指针控制渐变的 Alpha 颜色。可以更改 Alpha 指针的颜色，但是无法更改该颜色在渐变中的位置。
➢ 若要更改渐变中的颜色，从渐变定义栏下面选择一个颜色指针，然后单击渐变栏下方紧邻着它显示的颜色空间以显示"颜色选择器"。若要调整该颜色在渐变中的级别和位置，滑动这些指针。
➢ 若要向渐变中添加指针，单击渐变定义栏或渐变定义栏的下方。若要创建有多达 15 种颜色转变的渐变，全部添加 15 个颜色指针。若要重新放置渐变上的指针，沿着渐变定义栏拖动指针。若要删除指针，将指针向下拖离渐变定义栏。

(6) 应用调整颜色滤镜。如果只想将"亮度"控件应用于对象，使用位于属性检查器的"属性"选项卡中的颜色控件。若要获得与应用滤镜相比更高的性能，使用"属性"选项卡中的"亮度"选项。具体操作如下：

① 选择要调整颜色的对象，然后选择"滤镜"。

② 单击"添加滤镜"(+)按钮，然后选择"调整颜色"。

③ 拖动要调整的颜色属性的滑块，或者在相应框中输入一个数值。属性和它们的对应值如表 5.6 所示。

表 5.6 "调整颜色"属性设置

选　项	说　明
对比度	调整图像的加亮、阴影及中调
亮度	调整图像的亮度
饱和度	调整颜色的强度
色相	调整颜色的深浅

5.4.3 Flash 制作动画实例

【例 5.6】MTV 的制作。

1. 准备素材

下载制作 MTV 所需的素材：幼儿歌曲《鱼儿水中游》的音乐及歌词。

2. 制作 MTV

(1) 启动 Flash 应用程序，选择 Flash 文件(ActionScript 3.0)。

(2) 将图层 1 重命名为背景，并设计背景图层的内容如图 5.31 所示。

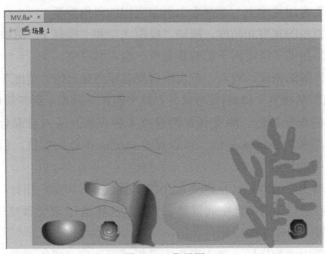

图 5.31 背景图

(3) 新建小鱼、水草、水泡、虫等元件，内容如图 5.32 所示。

图 5.32 各图形元件图

(4) 新建鱼儿、水草、水泡、虫饵等影片剪辑元件，实现各对象的动态表现，各元件图层及内容如图 5.33～5.37 所示。

(5) 返回场景 1，将音乐文件导入到库，新建音乐图层，将音乐文件拖入第 1 帧，设置帧属性并查看音乐持续帧数，如图 5.38 所示，将背景图层及音乐图层延伸至第 1563 帧。

(6) 新建歌词图层，试听音乐，确定各句歌词的起始位置，并标识各关键帧，并将歌词写入对应帧中。

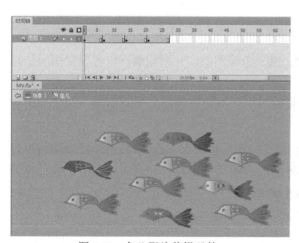

图 5.33 鱼儿影片剪辑元件

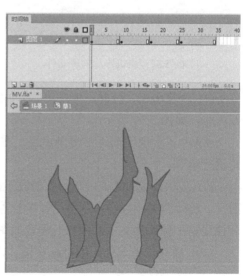

图 5.34 水草 1 影片剪辑元件

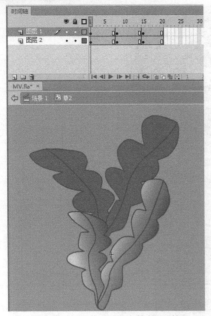

图 5.35 水草 2 影片剪辑元件

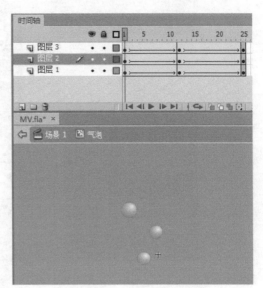

图 5.36 气泡影片剪辑元件

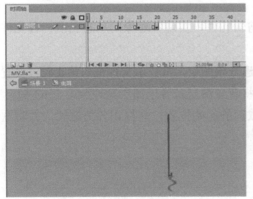

图 5.37 虫饵影片剪辑元件

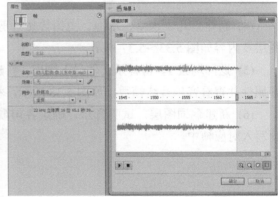

图 5.38 音乐编辑及帧属性

(7) 新建小鱼、鱼群、水草 1、水草 2、虫、鱼等图层，并根据歌词内容设置图层信息及内容，如图 5.39 所示。

(8) 为了实现歌词逐字慢慢出现，在歌词图层上创建遮罩层，并对应每一句歌词用矩形进行遮罩。

(9) 测试发现 MTV 一开始就播放了，没有封面，也没有 Replay 按钮，此步骤将设置封面。将除背景图层和水草 1、水草 2 之外的所有图层第 1 帧，同时向后拖出 2 帧，在背景图层第 1 帧添加文本，内容及设置如图 5.40 所示。

(10) 新建按钮元件：Replay 按钮，内容及设置如图 5.41 所示。

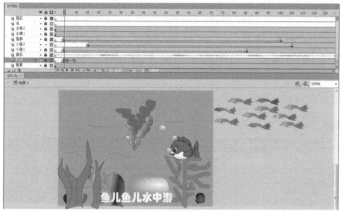

图 5.39 各图层信息及内容

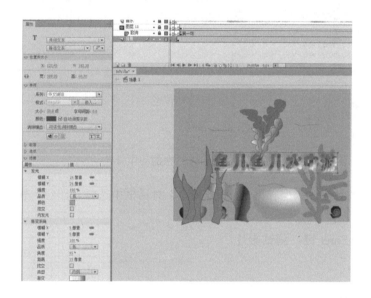

图 5.40 背景图层第 1 帧文本的内容及设置

图 5.41 Replay 按钮的内容及设置

(11) 新建动作图层，在第 1563 帧添加 stop 动作，并添加 Replay 按钮元件，选中 Replay 按钮，选择"窗口"|"代码片断"|"时间轴导航"|"单击以转到帧播放"，设置按钮元件的动作为从第 1 帧开始播放，动作脚本如图 5.42 所示，Flash 自动添加了 Actions 图层用来存放代码。

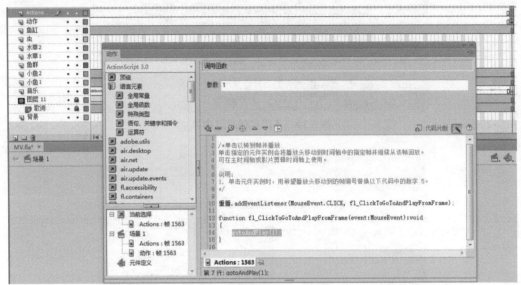

图 5.42　Replay 按钮的动作脚本

(12) 选择"文件"|"保存"，在"另存为"对话框中选择好路径，输入文件名对文档进行保存。

(13) 按 Ctrl+Enter 键，测试影片。

 习题

一、选择题

1. 在 Flash CS6.0 中，按住(　　)键可以将面板隐藏。
   A. F4　　　　　　　B. F3　　　　　　　C. F1　　　　　　　D. F9
2. 将一字符串填充不同的颜色，可先将字符串(　　)。
   A. 打散　　　　　　B. 组合　　　　　　C. 转换为元件　　　D. 转换为按钮
3. 以下可以打开混色器面板的快捷键是(　　)。
   A. Alt+Shift+F9　　　　　　　　　　　　B. Alt+Shift+F5
   C. Alt+Shift+F6　　　　　　　　　　　　D. Alt+Shift+F8
4. 以下可插入关键帧的按键是(　　)。
   A. F5　　　　　　　B. F6　　　　　　　C. F7　　　　　　　D. F8

5. 测试动画的快捷键为( )。
   A. Ctrl +Enter   B. Ctrl +W   C. Ctrl +E   D. Ctrl +F12
6. 关于刷子工具的 5 种模式，下面描述错误的是( )。
   A. 只能在填充区域进行绘制，但不影响线条的"颜料选择"模式
   B. 默认的刷子模式为"标准绘画"
   C. "颜料选择"模式可以在所有填充区域内进行绘制
   D. "后面绘画"模式可以在图像的后面绘制，并不影响已绘制的线条和填充
7. Flash CS6.0 导入外部声音素材的快捷键是( )。
   A. Ctrl+Shift+S   B. Ctrl+R   C. Ctrl+Alt+Shift+S   D. Ctrl+P
8. Flash CS6.0 中，我们可以创建( )种类型的元件。
   A. 2   B. 3   C. 4   D. 5
9. 属性面板中的 Alpha 命令是专门用于调整某个实例的( )的。
   A. 对比度   B. 高度   C. 透明度   D. 颜色
10. Flash CS6.0 的多角星形工具用来绘制多边形和星形，那么最少可以设置( )条边。
    A. 1   B. 2   C. 3   D. 5
11. 下面不属于 Flash CS6.0 动画的基本类型的是( )。
    A. 形状补间动画   B. 颜色补间动画
    C. 运动补间动画   D. 逐帧动画
12. Flash CS6.0 发布影片后，默认的声音以( )格式输出。
    A. MP3   B. WAV   C. MID   D. AVI
13. 在 Flash CS6.0 中，对帧频率正确描述是( )。
    A. 每小时显示的帧数   B. 每分钟显示的帧数
    C. 每秒钟显示的帧数   D. 以上都不对
14. 以下关于使用元件的优点的叙述，正确的是( )。
    A. 使用元件可以使电影的编辑更加简单化
    B. 使用元件可以使发布文件的大小显著地缩减
    C. 使用元件可以使电影的播放速度加快
    D. 以上均是
15. Flash CS6.0 是( )公司出产的矢量图形编辑和动画制作软件。
    A. Macromedia 公司   B. IBM 公司
    C. Adobe 公司   D. 以上答案全错
16. Flash CS6.0 菜单 File | Save 保存的文件格式是( )。
    A. *.fla   B. *.exe   C. *.swf   D. *.gif
17. 导出影片的快捷键是( )。
    A. Ctrl+S   B. Ctrl+Shift+S   C. Ctrl+R   D. Ctrl+Alt+Shift+S
18. 要绘制精确的直线或曲线路径，可以使用( )。
    A. 钢笔工具   B. 铅笔工具   C. 刷子工具   D. A 和 B 都正确

19. 时间线上绿色的帧表示(   )。
    A. 形状渐变   B. 静止   C. 帧数   D. 动画速率
20. 插入帧的作用是(   )。
    A. 完整的复制前一个关键帧的所有内容
    B. 起延时作用
    C. 等于插入了一张白纸
    D. 以上都不对
21. 在 Flash CS6.0 中,编辑制作动画的地方是(   )。
    A. 场景   B. 舞台   C. 时间轴   D. 面板
22. "帧频"决定了影片的播放速度,在 Flash CS6.0 中,默认的帧频是(   )。
    A. 8   B. 12   C. 24   D. 36
23. 可以利用(   )工具对文本的整体进行缩放、旋转、倾斜和翻转。
    A. 橡皮擦   B. 墨水瓶
    C. 椭圆   D. 任意变形工具
24. 一个运动引导层可以与(   )个图层关联。
    A. 1   B. 2   C. 3   D. 多个
25. 当编辑某个图层中的内容时,为了避免影响其他图层的内容,可以将其他图层(   )。
    A. 隐藏   B. 锁定
    C. 将图层显示为轮廓   D. 组合
26. 想要改变对象的大小,以下不能实现的是(   )。
    A. 使用任意变形工具   B. 使用信息面板
    C. 使用鼠标直接拖曳对象四周控制点   D. 使用对齐面板
27. 不能够使用滤镜效果的是(   )。
    A. 文本   B. 影片剪辑元件   C. 图形元件   D. 按钮
28. 动画是一种综合艺术,最早发源于(   )。
    A. 18 世纪   B. 19 世纪   C. 20 世纪   D. 17 世纪
29. 要将两个对象合并后只保留公共部分,可以使用(   )。
    A. 联合   B. 交集   C. 打孔   D. 裁切
30. 形状提示包含字母,用于识别起始形状和结束形状中相对应的点。最多可以使用(   )个形状提示。
    A. 16   B. 24   C. 8   D. 26

二、判断题

1. 元件可以反复调用,但会等量增加文件的容量。(   )
2. 运动动画至少有两个关键帧,两个关键帧中必须是元件,而且必须是同一个元件。
(   )

3. Flash CS6.0 中选中"贴紧至网格"复选框后，在拖动工作区内的实例时，当实例的边缘靠近网格线时，就会自动吸附到网格线上。　　　　　　　　　　　（　　）

4. Flash CS6.0 绘图工作区又被称为舞台。　　　　　　　　　　　　　（　　）

5. 确定没有在舞台上选择任何对象时，可以按 Ctrl+F6 快捷键打开新建元件对话框。
　　　　　　　　　　　　　　　　　　　　　　　　　　　　　　（　　）

6. Flash CS6.0 中的图层是动画层，用于组织和安排动画中每帧图像的层次结构，将运动物体隔离开，以避免物体间相互影响。　　　　　　　　　　　　　（　　）

7. Alpha 选项控制实例在场景中显示的透明度。　　　　　　　　　　　（　　）

8. 帧的类型有关键帧、空白关键帧、普通帧。　　　　　　　　　　　　（　　）

9. Flash CS6.0 中两个比较特殊的图层，分别是引导层、遮罩层。　　　（　　）

10. 影片剪辑是指独立于主动画且自动反复运行的小动画。　　　　　　（　　）

11. Flash CS6.0 中的帧频默认是 12。　　　　　　　　　　　　　　　（　　）

12. 做运动补间动画的元素可以不是元件。　　　　　　　　　　　　　（　　）

13. 网页上播放的 Flash CS6.0 动画只能是 fla 格式。　　　　　　　　（　　）

14. 在 Flash CS6.0 的 ActionScript 指令中，gotoAndStop(3);代表跳转到所在时间轴的第 3 帧并开始播放。　　　　　　　　　　　　　　　　　　　　　　（　　）

15. 想要使两个图形绘制后，可以融合在一起应该使用对象绘制模式。　（　　）

第6章

数字视频技术与应用

在人类接收的信息中,绝大部分来自视觉,其中视频是最直观、最具体、信息量最丰富的。我们在日常生活中看到的电视、电影、DVD,以及用摄像机、智能手机、IPAD等拍摄的活动图像等,都属于视频的范畴。

数字视频是基于数字技术记录的,它在时间和幅度上都是离散的,可以无限次的复制,但不产生失真,并且可以通过计算机随意地编辑和再创作。数字视频具有易于处理;传输稳定,抗干扰能力强,不失真;交互能力强,集成各种视频应用;按照需要和传输能力改变图像质量和传输速率等特点。视频因其直观、生动、具体、承载信息量大、易于传播等特点而成为一种必不可少的资源。科学技术的进步促使视频技术不断发展,如今视频技术正在全面向数字化迈进,视频资源也正在数字化。

6.1 数字视频基础

6.1.1 数字视频的基本概念

1. 视频的定义

视频，又称为运动图像或活动图像，指的是内容随时间变化的一组动态图像。例如，每秒钟有 25 帧或 30 帧画面，一帧就是一幅静态画面。快速连续地显示帧，便能形成运动的图像，每秒钟显示的帧数越多，即帧频越高，所显示的动作就会越流畅。

2. 模拟视频和数字视频

模拟视频是一种用于传输图像和声音且随时间连续变化的电信号。传统视频的获取、存储和传输都是采用模拟方式。模拟视频不适于网络传输，其信号在处理与传送时会有一定的衰减，并且不便于分类、检索和编辑。

数字视频是基于数字技术发展起来的一种视频技术。数字视频与模拟视频相比具有很多优点。例如，在存储方面，数字视频更适合长时间存放；在复制方面，大量地复制模拟视频制品会产生信号损失和图像失真等问题，而数字视频不会产生这些问题；在编辑方面，数字视频编辑起来更加方便、快捷。

3. 视频的制式

目前，世界上主要有 NTSC 制、PAL 制和 SECAM 制三种视频制式标准。NTSC 制在美国、日本和加拿大被广为使用，NTSC 制式的视频图像为每秒 30 帧，每帧 525 行；PAL 制主要被中国、澳大利亚和大部分西欧国家采用，PAL 制式的视频画面为每秒 25 帧，每帧 625 行；SECAM 制主要在法国、中东和东欧一些国家使用，SECAM 制式的视频画面为每秒 25 帧，每帧 625 行。我们在日常生活中所见到的视频绝大多数为 PAL 制和 NTSC 制。

4. 视频分辨率

视频分辨率指的是视频的画面大小，常用图像的"水平像素×垂直像素"来表示。VCD 视频光盘的标准分辨率为 352×288(PAL)或 352×240(NTSC)，SVCD 视频光盘的标准分辨率为 480×576(PAL)或 480×480(NTSC)，DVD 视频光盘的标准分辨率为 720×576(PAL)或 720×480(NTSC)。普通电视信号的分辨率为 640×480，标清电视信号分辨率为 720×576，高清电视(HDTV)分辨率可达 1920×1080。

5. 视频压缩技术

视频压缩技术是计算机处理视频的前提。视频信号数字化后数据带宽很高，通常在 20MB/秒以上，因此计算机很难对之进行保存和处理。采用压缩技术通常会将数据带宽降到 1～10MB/秒，这样就可以将视频信号保存在计算机中并作相应的处理。常用的算法是由 ISO 制定的，即 JPEG 和 MPEG 算法。JPEG 是静态图像压缩标准，适用于连续色调彩色或灰度图像，它包括两部分：一是基于 DPCM(空间线性预测)技术的无失真编码，一是基于 DCT(离散余弦变换)和哈夫曼编码的有失真算法，前者压缩比很小，主要应用的是后一种算法。在非线性编辑中最常用的是 MJPEG 算法，即 Motion JPEG。它是将视频信号 50 帧/秒(PAL 制式)变为 25 帧/秒，然后按照 25 帧/秒的速度使用 JPEG 算法对每一帧压缩。通常压缩倍数在 3.5～5 倍时可以达到 Betacam 的图像质量。MPEG 算法是适用于动态视频的压缩算法，它除了对单幅图像进行编码外，还利用图像序列中的相关原则将冗余去掉，这样可以大大提高视频的压缩比。目前，MPEG-I 用于 VCD 节目中，MPEG-II 用于 VOD、DVD 节目中。

6.1.2　动态图像压缩编码技术及国际标准

国际标准化组织(International Standardization Organization，ISO)、国际电子学委员会(International Electronics Committee，IEC)、国际电信协会(International Telecommunication Union，ITU)等国际组织，于 20 世纪 90 年代领导制定了三个有关多媒体数据压缩编码的国际标准：JPEG 标准、H.261 标准和 MPEG 标准。

静态图像压缩标准 JPEG 标准是适用于彩色和单色多灰度或连续色调静止图像的数字压缩国际标准。它可将图像数据压缩到原来的 1/10～1/30，并可实行实时再生。它不仅适用于静态图像的压缩，也可用于电视图像序列的帧内图像的压缩编码。JPEG 优良的品质，使得它在短短的几年内就获得极大的成功。目前，大多数网站中 80%的图像都是采用 JPEG 的压缩标准。

动态图像压缩编码技术 MPEG 诞生于 1991 年。MPEG 专家组于 1999 年 2 月正式公布了其新版本 MPEG-4 (IS0/IECl4496)V1.0 版本。同年年底 MPEG-4 V2.0 版本亦告完成，且于 2000 年年初正式成为国际标准。MPEG-4 标准将众多的多媒体应用集成于一个完整的框架内，旨在为多媒体通信及应用环境提供标准的算法及工具，从而建立起一种能被多媒体传输、存储、检索等应用普遍采用的统一数据格式。

视听通信编码标准 H.261 标准全称为 Video code for Audio-Visual services at p*64kbiL/s(p=1～30)，由国际电信联盟 ITU(前称为国际电报电话咨询委员会，CCITT)于 1990 年 12 月制定，它具有覆盖整个 ISDN(综合业务数字网)基群信道的功能，适合于有会话业务的活动图像压缩编码，广泛应用于会议电视和可视电话。

动态图像压缩的一个重要标准是 MPEG(Moving Picture Experts Group)，已推出了 MPEG-1、MPEG-2、MPEG-4 等标准系列；另一个重要标准是 H 系列，包括 U.261、U.263 等标准，此外还有运动 JPEG 标准。

MPEG 标准主要有以下五个：MPEG-1、MPEG-2、MPEG-4、MPEG-7 及 MPEG-21 等。

MPEG-1 是为 CD 光盘介质定制的视频和音频压缩格式。一张 70 分钟的 CD 光盘传输速率大约为 1.4Mbps。而 MPEG-1 采用了块方式的运动补偿、离散余弦变换(DCT)、量化等技术，并为 1.2Mbps 传输速率进行了优化。MPEG-1 随后被 Video CD 采用作为核心技术。VCD 的分辨率只有约 352×240，并使用固定的比特率(1.15Mbps)，因此在播放快速动作的视频时，由于数据量不足，令压缩时宏区块无法全面调整，结果使视频画面出现模糊的方块。因此，MPEG-1 的输出质量大约和传统录像机 VCR 相当，这也许是 Video CD 在发达国家未获成功的原因。MPEG-1 音频分三代，其中最著名的第三代协议被称为 MPEG-1 Layer 3，简称 MP3，已经成为广泛流传的音频压缩技术。MPEG-1 音频技术每一代之间在保留相同的输出质量之外，压缩率都比上一代高。第一代协议 MP1 被应用在 LD 作为记录数字音频及飞利浦公司的 DGC 上；而第二代协议 MP2 后来被应用于欧洲版的 DVD 音频层之一。

MPEG-2 是 MPEG(Moving Picture Experts Group，动态图像专家组)组织制定的视频和音频有损压缩标准之一，它的正式名称为"基于数字存储媒体运动图像和语音的压缩标准"。与 MPEG-1 标准相比，MPEG-2 标准具有更高的图像质量、更多的图像格式和传输码率的图像压缩标准。MPEG-2 标准不是 MPEG-1 的简单升级，而是在传输和系统方面做了更加详细的规定和进一步的完善。它是针对标准数字电视和高清晰电视在各种应用下的压缩方案，编码率为 3 Mbit/s～100 Mbit/s。

MPEG-4 格式的主要用途在于网上流、光盘、语音发送(视频电话)及电视广播。MPEG-4 包含了 MPEG-1 及 MPEG-2 的绝大部分功能及其他格式的优势，并加入及扩充对虚拟现实模型语言(Virtual Reality Modeling Language，VRML)的支持，面向对象的合成档案(包括音效、视讯及 VRML 对象)，以及数字版权管理(DRM)和其他互动功能。而 MPEG-4 比 MPEG-2 更先进的一个特点，就是不再使用宏区块做影像分析，而是以影像上个体为变化记录，因此尽管影像变化速度很快、码率不足时，也不会出现方块画面。

MPEG-7 标准被称为"多媒体内容描述接口"，为各类多媒体信息提供一种标准化的描述，这种描述将与内容本身有关，允许快速和有效地查询用户感兴趣的资料。它将扩展现有内容识别专用解决方案的有限能力，特别是它还包括了更多的数据类型。换言之，MPEG-7 规定一个用于描述各种不同类型多媒体信息的描述符的标准集合，该标准于 1998 年 10 月提出。

MPEG-21 标准的正式名称为"多媒体框架"或者"数字视听框架"，它致力于为多媒体传输和使用定义一个标准化的、可互操作的和高度自动化的开放框架，这个框架考虑到了 DRM(Digital Rights Management，数字版权管理)的要求、对象化的多媒体接入及使用不同的网络和终端进行传输等问题，这种框架还会在一种互操作的模式下为用户提供更丰富的信息。

6.2 数字视频文件格式及格式转换

6.2.1 数字视频文件格式

1. AVI 格式

AVI(Audio Video Interleaved，音频视频交错)格式是一种可以将视频和音频交织在一起进行同步播放的数字视频文件格式。AVI 格式由 Microsoft 公司于 1992 年推出，随 Windows 3.1 一起被人们所认识和熟知。它采用的压缩算法没有统一的标准。除 Microsoft 公司之外，其他公司也推出了自己的压缩算法，只要把某算法的驱动加到 Windows 系统中，就可以播放该算法压缩的 AVI 文件。AVI 格式的优点是图像质量好，可以跨多个平台使用；但是其缺点是体积过于庞大。其文件扩展名为.avi。

2. MPEG 格式

MPEG(Motion Picture Experts Group，动态图像专家组)是 1988 年成立的一个专家组，其任务是负责制定有关运动图像和声音的压缩、解压缩、处理及编码表示的国际标准。MPEG 格式是采用了有损压缩方法，从而减少运动图像中的冗余信息的数字视频文件格式。目前 MPEC 格式有三个压缩标准，分别是 MPEG-1、MPEG-2 和 MPEC-4。

3. RM 格式

RM(Real Media)格式是 Networks 公司所制定的音频视频压缩规范。用户可以使用 RealPlayer 或 RealOnePlayer 对符合 RealMedia 技术规范的网络音频/视频资源进行实况转播，并且 RealMedia 还可以根据不同的网络传输速率制定出不同的压缩比率，从而实现在低速率的网络上进行影像数据实时传送和播放。这种数字视频格式的文件扩展名为.rm。

4. RMVB 格式

RMVB 格式是一种由 RM 视频格式升级延伸出的新视频格式，它的先进之处在于 RMVB 视频格式打破了原先 RM 格式那种平均压缩采样的方式，在保证平均压缩比的基础上合理利用比特率资源。也就是说，静止和动作场面少的画面场景采用较低的编码速率，这样可以留出更多的带宽空间，而这些带宽会在出现快速运动的画面场景时被利用。这样在保证了静止画面质量的前提下，大幅地提高了运动图像的画面质量，使图像质量和文件大小之间达到微妙的平衡。这种数字视频格式的文件扩展名为.rmvb。

5. WMV 格式

WMV(Windows Media Video)格式是 Microsoft 公司将其名下的 ASF(Advanced Stream Format)格式升级延伸出来的一种流媒体格式。WMV 格式的主要优点包括本地或网络回放、可扩充的媒体类型、可伸缩的媒体类型、多语言支持、环境独立性、丰富的流间关系及扩展性等。其文件扩展名为.wmv。

6. MOV 格式

MOV 格式是美国 Apple 公司开发的一种视频格式，默认的播放器是 Apple 公司的 Quick Time Player。MOV 格式不仅能支持 Mac OS，同样也能支持 Windows 操作系统，有较高的压缩比率和较完美的视频清晰度。MOV 格式定义了存储数字媒体内容的标准方法，使用这种文件格式不仅可以存储单个媒体内容，如视频帧或音频采样数据，而且还能保存对该媒体作品的完整描述。因为这种文件格式能用来描述几乎所有的媒体结构，所以它是不同系统的应用程序间交换数据的理想格式。这种数字视频格式的文件扩展名包括.qt 和.mov 等。

7. DivX 格式

DivX 格式是由 MPEG-4 衍生出的另一种视频编码(压缩)标准，即通常所说的 DVDrip 格式。它采用了 MPEG-4 的压缩算法，同时又综合了 MPEG-4 与 MP3 各方面的技术，即使用 Divx 压缩技术对 DVD 盘片的视频图像进行高质量压缩，同时用 MP3 或 AC3 对音频进行压缩，然后再将视频与音频合成并加上相应的外挂字幕文件而形成的视频格式。其画质直逼 DVD，但文件大小只有 DVD 的几分之一，并且对机器的要求也不高。因此，Divx 格式可以说是一种对 DVD 造成威胁最大的新生视频压缩格式，其文件扩展名为.avj。

8. FLV 格式

FLV(Flash Video)格式是随着 Flash MX 的推出发展而出现的流媒体视频格式。它的出现有效地解决了视频文件导入 Flash 后，导出的 SWF 文件体积庞大，不能在网络上很好使用等缺点。FLV 文件体积极小，1 分钟清晰的 FLV 视频大小为 1 MB 左右，加上 CPU 占用率低、视频质量良好等特点使其在网络上极为盛行。目前，多数视频网站使用这种格式的视频，其文件扩展名为.flv。

9. 3GP 格式

3GP 是一种 3G 流媒体的视频编码格式，主要是为了配合 3G 网络的高速率传输而开发的一种媒体格式，具有很高的压缩比，特别适合手机上观看电影。3GP 格式的视频文件体积小，移动性强，适合在手机、PSP 等移动设备上使用。缺点是在 PC 上兼容性差，支持软件少，且播放质量差，帧数低，较 AVI 等格式相差很多。其文件扩展名为.3gp。

10. MTS 格式

MTS 视频格式是一种新兴的高清视频格式，常用于 Sony 高清 DV 录制的视频，其视频编码通常采用 H264，音频编码采用 AC-3，分辨率为 1920×1080 或 1440×1080，是一种达到高清甚至全高清标准的格式，也是一种蓝光标准的格式。播放 MTS 视频格式不同于 AVI 等传统格式，所有计算机都能良好地兼容播放，如果机器性能较弱，有可能发生播放不流畅的情况。MTS 视频格式画质非常高，也就决定了它文件非常大，所以通过高清录像机录制的 MTS，经常需要进行转换，以减小视频的文件。另外，如果需要在影碟机上播放录制的视频，也需要转换成 DVD 格式。MTS 文件的扩展名为.mts。

6.2.2 数字视频格式转换

由于数字视频格式繁多，用途各不相同，所以在教育教学中，经常需要使用视频格式转换软件对制作好的视频进行格式转换。视频格式转换软件有很多，并且每种软件都有自己的独特之处，操作起来也不尽相同，以下介绍几种常用的视频格式转换软件。

1. Format Factory 格式工厂

Format Factory 是由上海格式工厂网络有限公司创立于 2008 年 2 月，面向全球用户的互联网软件。格式工厂致力于帮用户更好地解决文件使用问题，拥有在音乐、视频、图片等领域庞大的忠实用户。目前，格式工厂已经成为全球领先的视频图片等格式转换客户端。

2. Any Video Converter 万能视频转换器

万能视频转换器支持多达 210 种视频格式转换到 iPhone、iPad、EPAD、iPod、iTouch、KIN One 或 Two、苹果电视、Zune 播放器、PSP、3GP 手机、MP4/MP3 播放器、PS3、WII、XBOX360、Galaxy Tab 和其他便携式视频设备。万能视频转换器也可以把 210 种视频格式转换为别的通用视频格式，例如：AVI、FLV、MPEG、WMV、DivX、MP4、H.264/AVC、AVCHD、MKV、RM、MOV、XviD、3GP、audio MP3、WMA、WAV、RA、M4A、AAC、AC3、OGG 等格式视频转换。

3. Camtasia Studio

Camtasia Studio 是美国 TechSmith 公司出品的屏幕录像和编辑的软件套装。软件提供了强大的屏幕录像(Camtasia Recorder)、视频的剪辑和编辑(Camtasia Studio)、视频菜单制作(Camtasia MenuMaker)、视频剧场(Camtasia Theater)和视频播放功能(Camtasia Player)等。Camtasia Studio 软件可以方便地进行屏幕操作的录制和配音、视频的剪辑和过场动画、添加说明字幕和水印、制作视频封面和菜单、视频压缩和播放。

4. Xilisoft Video Converter 曦力视频转换器

Xilisoft Video Converter 曦力视频转换器是一款功能强大、界面友好、永久免费的音视频转换软件，支持绝大部分音视频格式的互转，如 AVI、MPEG、WMV、DivX、MP4、H.264/AVC、RM、3GP、FLV、MP3、WMA、WAV、RA、AAC；支持 iPod、iPad、iPhone、PSP、Apple TV、3GP 手机及各种 Google 手机等常用的数码设备。

除了音视频转换功能外，曦力音视频转换专家还有音视频编辑工具和其他自定义工具，使用者可以完成剪辑合并视频、裁剪视频画面大小、创建图画或文字水印、添加多个字幕、批量抓取图片等个性化操作。

视频素材的获取与编辑

6.3.1 视频素材的获取

通过视频采集，可以从不同视频源获取视频素材，并通过编辑加工以符合多媒体的播放要求。下面介绍视频素材获取的几种方法。

1. 素材库光盘

多媒体素材库光盘是获取视频资源的主要途径之一。现在市面上流行的多媒体光盘中，往往含有多种影像资料，常见的影像资料格式有.avi、.mpg、.mov、.flc、.fli 和.dat 等。

随着光盘价格的降低，这不失为一个经济实惠的方法。

2．视频捕捉卡

利用视频捕捉卡直接进行视频资料的获取，这也是最有效和快捷的方法。常见的视频捕捉卡有 CreativeRT300 视霸卡、银河 JMC 系列。通过视频捕捉卡和相应的软件可以把电视、录像等视频信号采集下来，并存储成.avi、.mpg、.mov 等影像格式文件。

3．视频编辑软件

通过各种动画、视频编辑软件制作数字影像资料。常用的软件有 Camtasia Studio、Video Studio、Premiere、Director 等，其他大众软件还有金山画王、会声会影等。这种方法的缺点是需要制作者熟悉软件的使用方法，制作周期长，然而一旦掌握这些软件的使用技巧，对于提高多媒体软件的质量将起到举足轻重的作用。

4．从计算机屏幕上录制操作过程

对于那些多媒体软件和光盘中找不到现成的影像资料文件，我们可以采用 Hypercam、Screencam、SnagIt 等动态屏幕捕捉软件，对感兴趣的屏幕内容进行捕捉，最后存储成.avi、.mpg、.mov 等视频格式文件。例如，介绍某个软件操作方法，可以将屏幕图像动态过程制作成一个视频文件，通过观看相关视频了解这个软件的操作方法。

6.3.2 视频素材的编辑

1．视频编辑方式

视频编辑主要包括对视频片段进行剪切、合并，以及将视频素材编辑合成，生成为一定格式的视频文件，存储在硬盘、光盘等介质或发布到网络上。视频编辑方式分为线性编辑和非线性编辑两种。

（1）线性编辑。线性编辑是以编辑机为核心，制作时通常用"组合编辑"的办法将素材按顺序编成新的连续画面，然后再用"插入编辑"对某一段进行同样长度的替换，但是无法删除、缩短、加长中间的某一段。线性编辑属于传统摄像机留下来的概念，已经不适合计算机和数字化处理的要求。

（2）非线性编辑。非线性编辑和传统的线性编辑的最大区别是可以对素材进行任意调用、剪裁。非线性编辑是以计算机为核心，可以按任意顺序、长短来编辑视频素材，并可方便加入各种转场(切换)和视频特效，编辑时还能确保质量不损失，其效果大大优于传统的线性编辑。

2．视频编辑流程

（1）设计脚本。脚本和剧本差不多，它包含对视频的内容与创意的描述，记录和展示了视频的情节、台词、表情、动作、旁白、音乐、特效等要素，以及实现创意和构思的途径及技术手段等。脚本分为拍摄脚本和编辑脚本两种，前者的内涵和剧本一样，用于规范 DV 拍摄；编辑脚本是在拍摄脚本基础上的引申和发展，它着重于考虑创意和构思的实现方法和技术手段，把创意和构思实现为最终的影视作品。制作 MTV、DV 短片、广告片等类型的影片时，编制脚本是必不可少的步骤。当然，普通的家庭录像，编写完整的设计脚本是很难办到的，不过，在拍摄和制作时进行整体的构思是少不了的，尽管不一定要形成脚本文字。

(2) 收集整理素材。素材通常包括图片素材、音频素材和视频素材。其中，视频素材是素材收集和整理中最为核心的内容，收集视频素材的手段主要有 DV 采集、视频采集及截取光盘和网络视频。音频素材主要来源为音乐 CD、MP3、MIDI 等，其中后两者可以从网络收集。图片素材可以用 DV、DC 拍摄，也可以自己制作或从网上收集。收集的素材需要按要求进行初步的处理，以方便后期的制作。

(3) 编辑合成。这一步主要在各种视频编辑软件中完成，如 Camtasia Studio、Adobe Premiere 等。在这一步骤中将把所有的素材编辑合成为视频，主要操作有视频素材的剪辑、特效的制作、字幕的制作、音频的合成等，是实现构想与创意的关键步骤。

(4) 输出发布。最终视频作品可以输出为 VCD、SVCD、DVD 光盘。在制作 VCD、SVCD 和 DVD 时，通常还需要制作光盘菜单。视频作品也可以输出为硬盘中存储的视频文件，以及通过网络传输的流媒体文件。

6.3.3 视频素材的获取与编辑实例

下面，我们将以 Camtasia Studio 视频软件为例，来具体介绍一下视频素材的获取和编辑。

【例 6.1】Camtasia Studio 视频软件中素材的获取与编辑。

(1) 在电脑中安装 Camtasia Studio 8。

(2) 启动 Camtasia Studio 8，如图 6.1 所示。

图 6.1 Camtasia Studio 8 启动界面

(3) Camtasia Studio 8 获取视频资源的方式有两种，分别是"录制屏幕"和"导入媒体"。如果选择"录制屏幕"方式，Camtasia Studio 8 会弹出 Camtasia Recorder 对话框，进行"屏幕大小的设定"等操作后，单击 Rec 红色按钮即可获取视频素材；如果选择

"导入媒体"方式，那么可以从文件夹里获取编辑视频所需的图片、音乐等素材，如图 6.2 所示。

(a) 录制屏幕　　　　　　　　　　　　(b) 导入媒体

图 6.2　Camtasia Studio 8 获取视频方式

（4）Camtasia Studio 8 提供了对视频进行编辑的多种功能，例如，"剪辑箱""库""标注""缩放""音频""字幕"等功能，具体菜单项如图 6.3 所示。

图 6.3　Camtasia Studio 8 视频编辑项

6.4　使用 Camtasia Studio 处理视频

在本节中，我们将结合 Camtasia Studio 软件具体介绍对视频素材的剪辑、配音、添加字幕及转场特效等制作。在具体处理视频之前，先将一段.mp4 视频素材导入到 Camtasia Studio 中，如图 6.4 所示。

图 6.4　Camtasia Studio 8 导入视频

6.4.1 视频剪辑

对于已经导入到 Camtasia Studio 8 中的视频资源，右键选择"添加到时间轴播放"；在弹出的对话框中选择相应的尺寸后，单击 OK；随着视频的播放，时间轴显示也发生了变化，如图 6.5 所示。

图 6.5　将视频添加到时间轴

剪辑菜单 中包括了对视频进行"撤消""删减""分离""复制""粘贴"等操作按钮。通过时间轴上的 按钮可以添加时间轴，将新导入的图片、音乐等素材在新添加的时间轴上播放，并与已导入的视频素材一起编辑；通过 按钮可以锁定视频，当 Camtasia Studio 8 中导入多个视频时，可以根据需要选择剪辑的视频；通过 按钮可以根据需要调整轨迹的大小，这对剪辑中的精确时间定位起着重要作用；通过时间轴上的 按钮，可以定位到视频剪辑的起点(绿色)和终点(红色)，在起点和终点之间的剪辑区域，单击右键弹出剪辑菜单，我们可以对选定的这部分视频进行"剪切""删除""复制""插入时间""重新选择"等操作，当然也可以选择按钮完成相应的操作，如图 6.6 所示。如果想要取消之前的操作，可以单击 按钮进行一步步撤消。

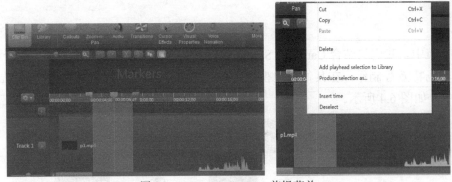

图 6.6　Camtasia Studio 8 剪辑菜单

6.4.2 为视频配音

当制作好一段视频之后，我们可以根据需要为视频配备解说或者配备背景音乐等。

1. 录制旁白

当我们需要为视频添加解说的时候，往往需要事前录制一段旁白，在 Camtasia Studio 8

软件中单击"语音旁白"选项,可以进入录音模式,如图 6.7 所示。单击"开始录制"按钮开始录制旁白,单击"停止录制"即可完成录制,然后将录制的旁白保存成音频文件备用。录制旁白的过程比较简单,但是要求电脑必须配备麦克等输入设备。

图 6.7　Camtasia Studio 8 录音菜单

2. 添加音频

通过"文件"|"导入媒体"菜单选项或者 Import media 选项将音频文件导入到 Camtasia Studio 8 中,在音频文件上右键单击"添加到时间轴播放",这时刚刚导入的音频文件添加到 Track2(轨道 2)里,如图 6.8 所示。

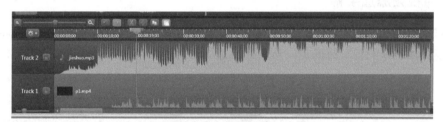

图 6.8　添加音频文件

3. 配音

在对音频操作之前,我们需要将 Track1 上的视频锁定,单击 Track1 右侧的 ,这样我们在对音频操作的时候就不会影响到视频文件。

通过在 Track2 拖曳音频文件,可以定位配音的起始位置;通过在音频文件的不同位置添加标注(快捷键为 M),可以在视频文件的不同位置分别添加配音,如图 6.9 所示。

图 6.9　在音频文件上添加标注

对于标注过的文件，我们可以进行"删减""分离"等操作，在视频的需要位置保留我们的配音文件，例如在视频文件的第 20 秒和第 30 秒之间添加 2 个标注，在标注区域内选择 Split，就完成了在视频文件第 20 秒和第 30 秒之间添加所需要的配音。同理，可以在视频的不同时间段选取不同的音频文件进行配音，如图 6.10 所示。

图 6.10　截选配音

6.4.3　为视频添加字幕

在 Camtasia Studio 8 软件中，单击 ![] 功能选项，弹出添加字幕对话框，首先将鼠标定位到需要添加字幕的视频时间点，然后在添加字幕文本框中输入文字即可。当然，我们可以通过 ![] 选项对添加的文字进行"字体""字号""文字颜色""背景颜色"等的设置，添加字幕后的视频如图 6.11 所示。

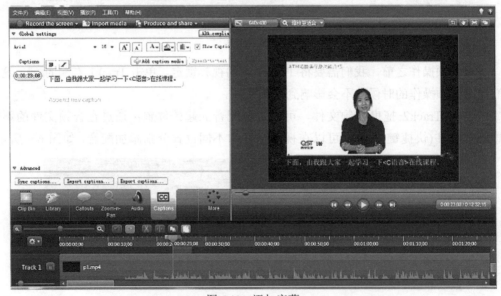

图 6.11　添加字幕

如果需要继续添加字幕，可以单击 [Add caption media] 按钮，在新增的文本框内输入文字即可。在 Camtasia Studio 8 软件，添加字幕的高级选项中还包括 3 项 [Sync captions...] [Import captions...] [Export captions...]，分别是"同步字幕""导入字幕"和"导出字幕"。当单击 Sync captions 后，字幕就添加到视频时间轴里，如图 6.12 所示。

图 6.12 同步字幕

6.4.4 视频转场特效

转场特效多用在视频中场景与场景之间的过渡或转换。Camtasia Studio 8 软件中提供了 30 种转场特效。下面，我们具体介绍一下如何在 Camtasia Studio 8 软件中制作转场特效。首先，将视频添加到时间轴上播放；其次，将时间轴定位到需要添加转场的视频时间点，如图 6.13 所示；最后，单击 Split 分割视频。上述工作完成后，单击 功能按钮，弹出转场对话框，在这里我们可以选择喜欢的转场特效，然后将选好的特效拖曳到时间轴上，如图 6.14 所示。

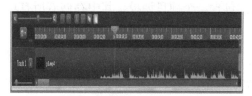

图 6.13 定位转场时间

图 6.14 将转场特效添加到时间轴上

我们可以通过调整特效框的长度来决定转场特效的效果，想要转场效果明显就加长时间轴上特效框，如图 6.15 所示；添加转场特效之后的视频如图 6.16 所示。

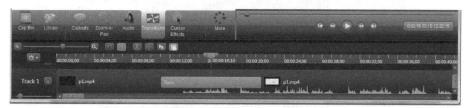

图 6.15 加长转场特效时间轴

图 6.16 转场特效效果图

6.5 Adobe Premiere Pro CS4 简介

6.5.1 创建项目并配置项目设置

1. 项目概述

项目是一个包含了序列和相关素材的 Premiere Pro CS4 的文件，与其中的素材之间存在链接关系。项目存储了序列和素材的一些相关信息，例如：采集设置、转场和音频混合等。项目中还包含了编辑操作的一些数据，例如：素材剪辑的入点和出点，以及各个效果的参数。在每个新项目开始的时候，Premiere Pro CS4 会在磁盘空间中创建文件夹，用于存储采集文件、预览和转换音频文件等。每个项目都包含一个项目调板，其中存储着所有项目中所用的素材。

2. 创建与使用项目

启动 Premiere Pro CS4 后，首先会出现一个欢迎屏幕，在其中单击"新建项目"或"打开项目"按钮可以分别进行新建或打开项目，在最近使用项目列表中会列出 5 个最近使用过的项目，单击项目名称可以将其打开，如图 6.17 所示。

图 6.17 Premiere Pro CS4 启动界面

如果当前 Premiere Pro CS4 正在运行一个项目，则使用菜单命令"文件"|"新建"|"项目"，可以新建一个项目，并关闭当前项目；使用菜单命令"文件"|"打开项目"，可以打开一个已存储于磁盘空间中的项目，并关闭当前项目；使用菜单命令"文件"|"打开最近项目"，可以在其子菜单中选择最近使用过的 5 个项目，并将其打开；使用菜单命令"文件"|"关闭"，可以将当前项目关闭，并回到欢迎屏幕界面；使用菜单命令"文件"|"保存或另存为或保存副本"，可以分别将项目进行保存、另存为或保存为一个副本。

3. 项目设置

在新建一个项目之前，必须进行项目的相关设置。在欢迎屏幕中单击"新建项目"按钮，会弹出"新建项目"对话框，可对项目的一般属性进行设置。此外，在其下方的位置和名称中设置磁盘存储空间和项目名称，如图 6.18 所示。

设置完毕，单击"确定"按钮，弹出"新建序列"对话框。默认状态下，"新建序列"对话框显示其序列预置标签选项。在其有效预置栏中，可以选择一种合适的预置项目设置。右侧的预置描述栏中会显示预置设置的相关信息，如图 6.19 所示。

图 6.18　Premiere Pro CS4 项目设置界面

图 6.19　Premiere Pro CS4 预置项目设置界面

如果对于预置的项目设置不够满意,可以单击"常规"和"轨道"标签,在其中设置序列的具体参数。项目一旦创建,有些设置则无法更改。

6.5.2 视频采集与导入素材

项目建立后,需要将影片素材采集到计算机中进行编辑。对于模拟摄像机拍摄的模拟视频素材,需要进行数字化采集,将模拟视频转化为可以在计算机中编辑的数字视频;而对于数字摄像机拍摄的数字视频素材,可以通过配有 IEEE-1394 接口的视频采集卡直接采集到计算机中。Premiere Pro CS4 不但可以通过采集或录制的方式获取素材,还可以将硬盘上的素材文件导入其中进行编辑。

1. 手动采集的基本方法

手动采集是在任何情况下都可以使用的最简单的采集方法,对于不支持 Premiere Pro CS4 设备控制的摄像机机型,则只能使用手动采集的方式。

(1) 将装入录像带的数字摄像机用火线与计算机的火线接口连接。打开摄像机,并调到放像状态。

(2) 使用菜单命令"文件"|"采集"或快捷键 F5,调出采集调板。在记录标签下的设置栏中选择采集素材的种类为视频、音频或音频和视频,并在设置标签下的采集位置栏中,对采集素材的保存位置进行设置。如果调板上方显示"采集设备脱机",则重新检查设备是否连接正确。

(3) 单击摄像机上的播放按钮,播放并预览录像带。当播放到欲采集片段的入点位置之前的几秒钟时,按下控制面板上的录音按钮,开始采集,播放到出点位置后几秒钟的位置,按下 Esc 停止采集。在欲采集片段的前后多采集几秒,以便编辑、剪辑或转场。

(4) 在弹出的保存采集文件对话框中输入文件名等相关数据,单击 OK,素材文件被采集到硬盘,并出现在项目调板中。

2. 使用媒体浏览进行导入

使用内置的媒体浏览器,可以直接将磁盘或存储卡中的媒体文件进行预览及导入,右键单击素材,在弹出式菜单中选择"导入",则将素材导入到项目中;而选择"在素材源监视器打开",则在源监视器中预览素材,如图 6.20 所示。

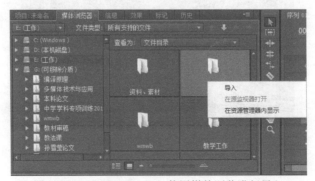

图 6.20　Premiere Pro CS4 使用媒体浏览进行导入

3. Premiere Pro CS4 支持导入的文件格式

Premiere Pro CS4 支持导入多种格式的音频、视频和静态图片文件。可以将同一文件夹下的静态图片文件按照文件名的数字顺序以图片序列的方式导入，每张图片成为图片序列中的一帧。此外，还支持导入一些视频项目文件格式。

(1) 视频格式：Microsoft AVI 和 DV AVI、Animated GIF、MOV、MPEG-1 和 MPEG-2 (MPEG/MPE/MPG/M2V)、M2T、Sony VDU 文件 Format Importer(DLX)、Netshow(ASF)和 WMV。

(2) 音频格式：AIFF、AVI、Audio Waveform(WAV)、MP3、MPEG/MPG、QuickTime Audio (MOV)和 Windows Media Audio(WMA)。

(3) 静止图片和图片序列格式：Adobe Illustrator(AI)、Adobe Photoshop(PSD)、Adobe Premiere 6.0 Title(PTL)、Adobe Title Designer(PRTL)、BMP/DIB/RLE、EPS、Filmstrip(FLM)、GIF、ICO、JPEG/JPE/JPG/JFIF、PCX、PICT/PIC/PCT、PNG、TGA/ICB/VST/VDA、TIFF。

(4) 视频项目格式: Adobe Premiere 6.x Library(PLB)、Adobe Premiere 6.x 项目(PPJ)、Adobe Premiere 6.x Storyboard(PSQ)、Adobe Premiere Pro(PRPROJ)、Advanced Authoring Format(AAF)、After Effects 项目(AEP)、Batch lists(CSV/PBL/TXT/TAB)、Edit Decision List(EDL)。

除此之外，Premiere Pro CS4 还支持直接导入各种专业及业余视频存储卡格式。Premiere Pro CS4 最大支持 4096×4096 像素的图像和帧尺寸；需要安装 QuickTime 才可以完成对一些格式文件的支持。

6.5.3 装配序列

装配序列就是将素材片段按顺序分配到时间线上，这是进行编辑的最初环节。采集与导入素材之后，必须将素材片段添加到序列中，才能对其进行编辑操作。用户既可以使用鼠标拖曳的方法，将素材直接拖放到时间线上，也可以使用监视器调板底部的控制面板中的按钮或快捷键，将素材按需求添加到时间线上。前者比较直观，操作简单，后者则可以完成一些比较复杂的操作。此外，还可以使用项目调板底部的自动添加到序列按钮，将素材片段按设置自动添加到序列中。

1. 在源监视器中剪辑素材

编辑序列的第一步就是要确定使用素材的哪部分。设置素材片段的入点和出点，以进行剪辑。将欲包含在序列中的第一帧设置为入点，将最后一帧设置为出点。在添加到序列之前，可以在源监视器调板中设置素材的入点和出点。当将素材添加到序列后，则可以通过拖曳边缘等方式进行剪辑。

在项目调板或时间线调板中双击欲进行剪辑的素材片段，将其在源监视器调板中打开。将当前时间指针放置在欲设置入点的位置，在控制面板中单击设置入点按钮，将此点设置为入点；将当前时间指针放置在欲设置出点的位置，在控制面板中单击设置出点按钮，将此点设置为出点，如图 6.21 所示。

图 6.21　设置入点和出点

在源监视器的时间标尺上，拖曳入点和出点之间深色部分中心带条纹的柄，可以同步移动入点和出点的位置。如果是序列中的素材，还可以在源监视器中同时并排显示入点和出点的帧画面，如图 6.22 所示。

图 6.22　入点和出点的帧画面

此操作方式同样适用于在节目监视器调板中同步移动序列入点和出点的位置。在源监视器调板的控制面板中单击入点按钮　，将当前时间指针移动到入点位置；而单击出点按钮，将当前时间指针移动到出点位置。在节目监视器调板的控制面板中单击上一个编辑点按钮，将当前时间指针移动到上一个编辑点的位置；而单击下一个编辑点按钮，将当前时间指针移动到下一个编辑点的位置。

2．插入编辑和叠加编辑

无论使用哪种方法向序列中添加素材片段，都可以选择以插入(Insert)编辑或叠加(Overlay)编辑的方式将素材添加到序列中。叠加编辑是将素材叠加到序列中指定轨道的某一位置，替换掉原有的部分素材片段，此方式类似于录像带的重复录制，如图 6.23 所示；而插入编辑是将素材插入到序列中指定轨道的某一位置，序列从此位置被分开，后面的素材被移到素材出点之后，此方式类似于电影胶片的剪接，如图 6.24 所示。插入编辑会影响到其他未锁定轨道上的素材片段，如果不想使某些轨道上的素材受到影响，锁定此轨道。

数字视频技术与应用

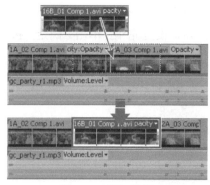

图 6.23 叠加编辑

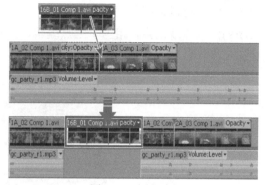

图 6.24 插入编辑

3. 三点编辑和四点编辑

除了使用鼠标拖曳的方法添加素材片段，还可以使用监视器调板底部的控制面板中的按钮进行三点(Three-point)编辑或四点(Four-point)编辑操作，将素材添加到序列中。三点编辑和四点编辑是传统视频编辑中的基本技巧，"三点"和"四点"指入点和出点的个数。

三点编辑就是通过设置两个入点和一个出点或一个入点和两个出点，对素材在序列中进行定位，第四个点会被自动计算出来。例如，一种典型的三点编辑方式是设置素材的入点和出点，以及素材的入点在序列中的位置(即序列的入点)，素材的出点在序列中的位置(即序列的出点)会通过其他三个点被自动计算出来。任意三个点的组合都可以完成三点编辑操作。在监视器调板底部的控制面板中，使用设置入点按钮和设置出点按钮，或快捷键 I 和 O，为素材和序列设置所需的三个入点和出点，再使用插入按钮或叠加按钮，或快捷键","或"."，将素材以插入编辑或叠加编辑的方式添加到序列中的指定轨道上，完成三点编辑，如图 6.25 所示。

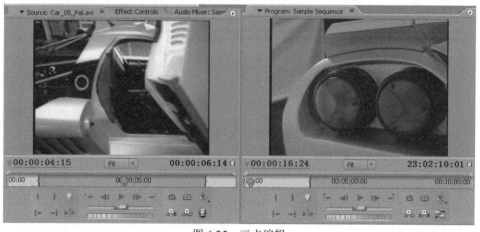

图 6.25 三点编辑

四点编辑需要设置素材的入点和出点，以及序列的入点和出点，通过匹配对齐将素材添加到序列中，方法与三点编辑类似。如果标记的素材和序列的持续时间不相同，在添加素材时，会弹出对话框，在其中可以选择改变素材速率以匹配标记的序列；当标记的素材

193

长于序列时，可以选择自动修剪素材的开头或结尾；当标记的素材短于序列时，可以选择忽略序列的入点或出点，相当于三点编辑，如图 6.26 所示。设置完毕，单击"确定"按钮，完成编辑操作。

图 6.26　适配素材

6.5.4　在序列中编辑素材

素材被添加到序列中后，还需要根据需要在时间线调板中对序列进行编辑，以达到完善的效果。Premiere Pro CS4 提供了强大的编辑工具，可以在时间线调板中对素材片段进行复杂编辑。

1．选择素材片段的基本方法

在时间线调板中编辑素材片段之前，首先需要将其选中。使用选择工具单击素材片段，可以将其选中，按住 Alt 键，单击链接片段的视频或音频部分，可以单独选中单击的部分。如果要选择多个素材片段，按住 Shift 键，使用选择工具逐个单击欲选择的素材片段，或使用选择工具拖曳出一个区域，可以将区域范围内的素材片段选中，如图 6.27 所示。

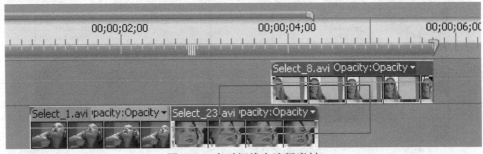

图 6.27　在时间线上选择素材

使用轨道选择工具，单击轨道上某一素材片段，可以选择此素材片段及同一轨道上其后的所有素材片段，如图 6.28 所示。按住 Alt 键，使用轨道选择工具单击轨道中链接的素材片段，可以单独选择其视频轨道或音频轨道上的部分。按住 Shift 键，使用轨道选择工具单击不同轨道上的素材片段，可以选择多个轨道上所需的素材片段。选择素材片段的方法有多种，应根据实际情况使用最简捷的方法。

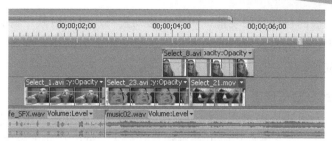

图 6.28　使用轨道选择素材

2. 编辑素材片段的基本方法

在时间线调板中，素材片段按时间顺序在轨道上从左至右排列，并按合成的先后顺序，从上至下分布在不同的轨道上。使用选择工具拖曳素材片段，可以将其移动到相应轨道的任何位置。如果时间线调板的自动吸附按钮处于打开状态，则在移动素材片段的时候，会将其与一些特殊点进行自动对齐，如图 6.29 所示。

使用选择工具，当移动到素材片段的入点位置，出现剪辑入点图标时，可以通过拖曳，对素材片段的入点进行重新设置；同理，当移动到素材片段的出点位置，出现剪辑出点图标时，可以通过拖曳，对素材片段的出点进行重新设置，如图 6.30 所示。

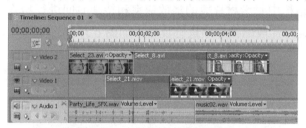

图 6.29　在时间线上编辑素材

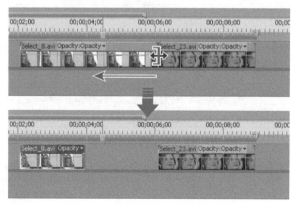

图 6.30　使用选择工具编辑素材

使用菜单命令"编辑" | "剪切/复制/粘贴/清除"，可以对素材片段进行剪切、复制、粘贴及清除的操作，其对应的快捷键分别为 Ctrl+X、Ctrl+C、Ctrl+V 和 Backspace。复制后的素材片段将保留各属性的值和关键帧，以及入点和出点的位置，并保持原有的排列顺序。

利用时间线调板的自动吸附功能,可以在移动素材片段的时候,将其与一些特殊点进行自动对齐,其中包括素材片段的入点和出点、标记点、时间标尺的开始点和结束点,以及时间指针当前位置。

3. 素材片段的分割与伸展

如果需要对一个素材片段进行不同的操作或施加不同的效果,可以先将素材片段进行分割。使用剃刀工具,单击素材片段上欲进行分割的点,可以从此点将素材片段一分为二。按住 Alt 键,使用剃刀工具,单击链接的素材片段上某一点,则仅对单击的视频或音频部分进行分割。按住 Shift 键,单击素材片段上某一点,可以以此点将所有未锁定轨道上的素材片段进行分割,如图 6.31 所示。使用菜单命令"序列"|"应用剃刀于当前的时间标示点"或快捷键 Ctrl+K,可以以时间指针所在位置为分割点,将未锁定轨道上穿过此位置的所有素材片段进行分割。

如果需要对素材片段进行快放或慢放的操作,可以更改素材片段的播放速率和持续时间。对于同一个素材片段,其播放速率越快,持续时间越短,反之亦然。使用速率伸展工具对素材片段的入点或出点进行拖曳,可以更改素材片段的播放速率和持续时间,如图 6.32 所示。使用菜单命令"素材"|"速度/持续时间"或快捷键 Ctrl+R,可以在弹出的"素材速度/持续时间"对话框中对素材片段的播放速率和持续时间进行精确的调节,还可以通过勾选倒放速度,将素材片段的帧顺序进行反转,如图 6.33 所示。

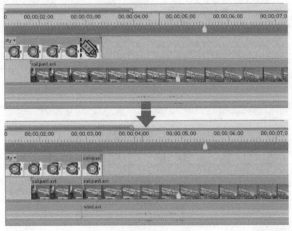

图 6.31　分割素材

图 6.32　更改播放速率和持续时间

图 6.33　素材速度/持续时间对话框

6.5.5 输出

当完成对影片的编辑后，可以按照其用途输出为不同格式的文件，以便观看或作为素材进行再编辑。使用菜单命令"文件"|"输出"，可以在其子菜单中，按照需求选择输出途径。Premiere Pro CS4 提供 Adobe Media Encoder 用于输出，可以根据应用终端输出多种压缩格式。

1. 输出文件格式概述

Premiere Pro CS4 可以根据输出文件的用途和发布媒介，将素材或序列输出为所需的各种格式，其中包括影片的帧、用于电脑播放的视频文件、视频光盘、网络流媒体和移动设备视频文件等。Premiere Pro CS4 为各种输出途径提供了广泛的视频编码和文件格式。

对于高清格式的视频，提供了诸如 DVCPRO HD、HDCAM、HDV、H.264、WM9 HDTV 和不压缩的 HD 等编码格式；对于网络下载视频和流媒体视频则提供了 Adobe Flash Video、QuickTime、Windows Media 和 RealMedia 等相关格式；此外，Adobe Media Encoder 还支持为 Apple iPod、3GPP 手机和 Sony PSP 等移动设备输出 H.264 格式的视频文件。

在具体的文件格式方面，可以分别输出项目、视频、音频、静止图片和图片序列的各种格式。

(1) 项目格式：Advanced Authoring Format(AAF)、Adobe Premiere Pro projects(PRPROJ) 和 CMX3600 EDL(EDL)。

(2) 视频格式：Adobe Flash Video(FLV)、H.264(3GP 和 MP4)、H.264 Blu-ray(M4v)、Microsoft AVI 和 DV AVI、Animated GIF、MPEG-1、MPEG-1-VCD、MPEG-2、MPEG2 Blu-ray、MPEG-2-DVD、MPEG2 SVCD、QuickTime(MOV)、RealMedia(RMVB)和 Windows Media Video(WMV)。

(3) 音频格式：Adobe Flash Video(FLV)、Dolby Digital/AC3、Microsoft AVI 和 DV AVI、MPG、PCM、QuickTime、RealMedia、Windows Media Audio(WMA)和 Windows Waveform (WAV)。

(4) 静止图片格式：GIF、Targa(TGF/TGA)、TIFF 和 Windows Bitmap(BMP)。

(5) 图片序列格式：Filmstrip(FLM)、GIF 序列、Targa 序列、TIFF 序列和 Windows Bitmap 序列。

2. 使用 Adobe Media Encoder 进行输出

Adobe Media Encoder 是一个由 Adobe 视频软件共同使用的高级编码器，属于媒体文件的编码输出。根据输出方案，需要在特定的输出设置对话框中设置输出格式。对于每种格式，输出设置对话框中提供了大量的预置参数，可以使用此预置功能，将设置好的参数保存起来，或与其他人共享参数设置。

虽然输出设置对话框的外观和调用的路径在各个应用软件中各不相同，但它的基本形式和功能是一致的。输出设置对话框中包含一个设置基本输出参数的区域和一个包含多个嵌入式标签调板的区域。标签调板所设置的内容由输出的文件格式所决定。

当输出一个影片文件用于网上传阅时，经常需要对其转换交错视频帧、裁切画面或施加一些特定的滤镜，可通过输出设置对话框进行设置。

输出设置对话框中包含一个图像显示区域，可以在源和输出调板间进行切换，以作为对比。在源调板中显示源视频画面，可以对其进行裁切；输出调板中还包含消除交错视频场的功能，显示在经过压缩处理之后画面的帧尺寸、像素宽高比等属性。画面的下方有一个时间显示和时间标尺，其中包含一个当前时间指针，以指示时间线上的时间。其他调板根据输出格式不同，包含各种编码设置，如图 6.34 所示。

使用菜单命令"文件"|"输出"|"媒体"，调出输出设置对话框。在格式中选择所需的文件格式；并根据实际应用，在预置中选择一种预置的编码规格，或在下面的各项设置栏中进行自定义设置；在输出名称中设置存储路径和文件名称。设置完毕，单击"确定"按钮，自动调出独立的 Adobe Media Encoder，而设置好的项目会出现在输出列表中，如图 6.35 所示。单击开始队列，便可以将序列按设置输出到指定的磁盘空间。

图 6.34 导出设置

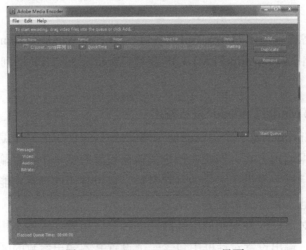

图 6.35 Adobe Media Encoder 界面

6.6 习题

一、选择题

1. 下列关于 Camtasia Studio 说法错误的是( )。
   A. 要保存的文件只有工程文件　　　B. 可以进行视频播放和视频修改
   C. 具有强大的后期处理能力　　　　D. 是一款强大的屏幕录制工具
2. 预览从全屏模式转换回窗口模式的快捷键是( )。
   A. Esc　　　　B. Shift　　　　C. Enter　　　　D. Backspace
3. 工程项目文件的扩展名是( )。
   A. zip　　　　B. ppt　　　　C. trec　　　　D. camproj
4. 在 Camtasia 中录制屏幕结束的快捷键是( )。
   A. F9　　　　B. F10　　　　C. F11　　　　D. F12
5. 鼠标的效果包含( )。
   A. 鼠标大小　　　　　　　　　　B. 高亮效果
   C. 鼠标左击效果　　　　　　　　D. 鼠标右击效果
6. 测验中可以添加的题目类型是( )。
   A. 选择题　　　　　　　　　　　B. 填空题
   C. 简答题　　　　　　　　　　　D. 是非题
7. 在 Camtasia Studio 的菜单制作中，可以链接的文件类型是( )。
   A. Word 文档　　　　　　　　　B. PPT 文档
   C. 所有视频文件　　　　　　　　D. Camtasia Studio 可以打开的视频文件
8. 在 Camtasia Studio 8 中添加标注的方法是( )。
   A. 单击标注功能按钮　　　　　　B. 添加标注和文字
   C. 修饰标注和文字　　　　　　　D. 添加文本框
9. 录像前需要做的准备工作有( )。
   A. 清理桌面上无关的内容　　　　B. 使用弹出窗口阻挡器
   C. 准备文字稿　　　　　　　　　D. 以上内容都有
10. 在 Camtasia 中录制屏幕开始的快捷键是( )。
    A. F9　　　　B. F10　　　　C. F11　　　　D. F12
11. Camtasia Studio 是( )公司旗下的一款软件。
    A. Microsoft　　　　　　　　　B. TechSmith
    C. Macromedia　　　　　　　　D. Adobe
12. 在麦克风属性增强选项中不能设置的是( )。

A. 偏移消除 B. 噪音抑制
C. 回声消除 D. 麦克风加强

13. Camtasia Player 在播放视频时默认的比例是(　　)。
    A. 80%　　　B. 100%　　　C. 120%　　　D. 与屏幕相适应
14. Camtasia 工程文件的后缀名是(　　)。
    A. mp4　　　B. wmv　　　C. avi　　　D. camproj
15. 导出 PPT 文稿时，可以选择的格式是(　　)。
    A. pps　　　B. jpg　　　C. html　　　D. gif

二、判断题

1. 录制中出现错误时，停顿一下，再讲一次，后期编辑时不可以去除。　(　　)
2. 预览时的背景颜色是不能改变的。　(　　)
3. PPT 内的音乐不能被录制下来。　(　　)
4. 在 MTV 制作中，使用"标记视图"可以调整使影音同步。　(　　)
5. 导出 PPT 文稿时，可以导出多张，也可以导出一张。　(　　)
6. 使用 Camtasia Recorder 录制屏幕时能使用摄像头。　(　　)
7. 使用 PPT 插件录制视频时，不能调整录制区域大小。　(　　)
8. 在 Camtasia 中可以导入后缀名为 swf 的 Flash 视频格式文件。　(　　)
9. 录制过程中讲错话或者表达错误，需要重新录制。　(　　)
10. Camtasia Studio 在录制的时候能像 fraps 一样随时暂停。　(　　)

三、填空题

1. Camtasia Studio 是 TechSmith 旗下一款专门录制(　　)的工具。
2. Camtasia Studio 是一套专业的屏幕录像软件，同时包含(　　)、(　　)、(　　)、Camtasia 剧场、Camtasia 播放器和 Screencast 的内置功能。
3. 在 Win7 的 32 位系统下，录制的视频使用(　　)，清晰度是最高的。
4. Camtasia Studio 录制声音包括(　　)、(　　)、(　　)。
5. Camtasia Studio 开始录制键是(　　)。
6. Camtasia Studio 结束录制键是(　　)。
7. Camtasia Studio 鼠标光标效果包括(　　)、(　　)、(　　)。
8. Camtasia Studio 格式分为(　　)和(　　)。
9. Camtasia Studio 屏幕绘制针对一些特殊知识点可以用屏幕绘制的功能来加强教学效果，在录制时只需要按(　　)即可，再次按可以取消屏幕绘制的效果
10. Camtasia Studio 8.0 以下的版本只支持两个视频轨和三个音频轨，(　　)以后的版本可以任意添加音视频轨。

四、简答题

1. 既要录制麦克风声音，又要录制系统声音，如案例点评，怎么设置？

2. 如何去除杂音？
3. 导入媒体素材如视频，格式不兼容如何处理？
4. 视频 1 和音频 1 默认是链接在一起，如何分解？
5. 编辑时，如何避免轨道之间的误操作或干扰？
6. Camtasia 如何选择录制电脑里的声音还是麦克风的声音？
7. 帧率是什么？
8. 如何在录制的视频中，局部添加马赛克效果？

第7章 演示型多媒体课件设计与制作

　　PowerPoint 2010 是创作演示型多媒体课件的常用软件。使用 PowerPoint 能够把所要表达的信息组织在一组图文并茂的页面中，在该组页面中可以包括文字、图形、图像、声音和视频等元素。在演示型多媒体课件制作完成后，可以在计算机上进行演示，通过投影仪将幻灯片显示出来，也可以直接打印进行浏览。

　　PowerPoint 中对文档的创建、保存操作，以及常用的对象如文本、图形、图像、图表等的使用方式，与 Office 家族系列其他软件的使用方式基本一致，在此不再赘述。本部分重点介绍幻灯片背景的设置、幻灯片的切换、超链接、母版的设计、动画方案、音频及视频对象的应用等方面。

7.1 PowerPoint 工作环境

启动 PowerPoint 后将弹出工作界面，主界面包含两个不同的窗口：一个是 PowerPoint 程序窗口，另一个是演示文稿窗口。演示文稿窗口位于 PowerPoint 主界面之内，刚打开时处于最大化状态，所以几乎占满整个 PowerPoint 窗口。演示文稿窗口有 4 种视图方式：普通视图、幻灯片浏览视图、阅读视图和幻灯片放映视图。默认情况下，打开 Office PowerPoint 2010 后，进入演示文稿窗口的普通视图，如图 7.1 所示。

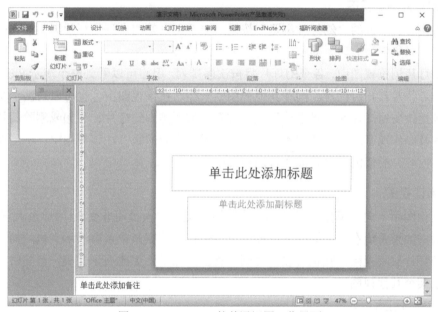

图 7.1　PowerPoint 的普通视图工作界面

1. 普通视图

普通视图是主要的编辑视图，可用于撰写或设计演示文稿。在该视图中，可以看到整张幻灯片。如果要显示其他幻灯片，可以直接拖动垂直滚动条上的滚动块，系统会提示切换的幻灯片编号和标题。当已经指到所需要的幻灯片时，松开鼠标左键，即可切换到该幻灯片中。通常认为该视图有 4 个工作区域："大纲"选项卡、"幻灯片"选项卡、幻灯片窗格和备注窗格。下面分别介绍普通视图的各组成部分。

(1)"大纲"选项卡。选中该选项卡，用户可以方便地输入演示文稿要介绍的一系列主题，系统将根据这些主题自动生成相应的幻灯片，且把主题自动设置为幻灯片的标题。用户可对幻灯片进行简单的操作(选择、移动和复制幻灯片)和编辑(添加标题等)。在该窗格中，按幻灯片编号由小到大的顺序和幻灯片内容的层次关系，显示演示文稿中的全部幻灯片的编号、图标、标题和主要的文本信息，所以大纲视图最适合编辑演示文稿的文本内容。

(2) "幻灯片"选项卡。选中该选项卡，在编辑时以缩略图大小的图像在演示文稿中观看幻灯片。使用缩略图能方便地遍历演示文稿，并可以直接观看任何设计更改的效果。在这里还可以轻松地重新排列、添加或删除幻灯片。

(3) 幻灯片窗格。幻灯片窗格显示当前幻灯片的大视图。在此视图中显示当前编辑的幻灯片，并可以添加文本、插入图片、表格、SmartArt图形、图形对象、文本框、电影、声音、超链接和动画等。

(4) 备注窗格。可以在其中添加与每个幻灯片内容相关的备注，并且在放映演示文稿时，将它们用作打印形式的参考资料，或者创建希望让观众以打印形式或在 Web 页上看到的备注。

2. 幻灯片浏览视图

单击窗口右下方的"幻灯片浏览"按钮，演示文稿就切换到幻灯片浏览模式的显示方式。用户可以集中精力调整演示文稿的整体显示效果。

在幻灯片浏览视图中，各个幻灯片将按次序排列，用户可以看到整个演示文稿的内容，浏览各幻灯片及其相对位置。同在其他视图中一样，在该视图中，也可以对演示文稿进行编辑，包括改变幻灯片的背景设计和配色方案、重新排列幻灯片、添加或删除幻灯片、复制幻灯片及制作现有幻灯片的副本。但与其他视图不同的是，在该视图中，不能编辑幻灯片的具体内容，类似的工作只能在普通视图中进行。

3. 阅读视图

阅读视图用于向用那些利用计算机查看演示文稿的人员而非受众(如通过大屏幕)放映演示文稿。如果希望在一个设有简单控件以方便审阅的窗口中查看演示文稿，而不想使用全屏的幻灯片放映视图，则也可以使用阅读视图。如果要更改演示文稿，可随时从阅读视图切换至某个其他视图。

4. 幻灯片放映视图

单击"幻灯片放映视图"切换按钮可使幻灯片切换到播放视图。在对幻灯片进行播放时，默认情况下单击鼠标左键，可继续播放下一张幻灯片；如果需要结束幻灯片放映，则可以右键单击幻灯片，可在弹出的快捷菜单中选择"结束放映"命令或按键盘 Esc 键退出放映状态。

7.2 保存演示文稿

在创建和编辑演示文稿的过程中，随时注意保存演示文稿是个很好的习惯。一旦计算机突然断电或者系统发生意外而非正常退出 PowerPoint，这样可以避免由于断电等意外而引起的数据丢失。

1. 保存或另存演示文稿

在创建新演示文稿过程中，首次执行"文件"选项卡|"保存"命令保存新建演示文稿或者在编辑演示文稿时执行"文件"选项卡|"另存为"命令另存该演示文稿时，都会弹出如图 7.2 所示的"另存为"对话框。

图 7.2 "另存为"对话框

PowerPoint 2010 中的"另存为"对话框与"打开"对话框很相似：在"保存位置"列表框中可以选定文件的保存位置；在"文件名"列表框中可以指定文件名；在"保存类型"列表框中可以指定文件的保存类型。

2. 保存并发送文件

用户可以选择将任何一个已有的演示文稿发布到网络上与其他用户共享，也可以根据需要保存成其他文件形式，执行"文件"选项卡|"保存并发送"命令，就可以看到图 7.3 所示的保存样式列表，选择一种保存形式进行相关设置即可。

图 7.3 "保存并发送"设置界面

3. 给演示文稿加密码保护

为了使演示文稿更加安全可靠，可以给演示文稿添加密码保护，具体做法如下。

(1) 执行"文件"选项卡|"信息"命令，展开演示文稿信息列表，如图 7.4 所示。

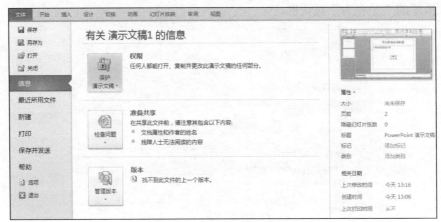

图 7.4　演示文稿相关信息

(2) 单击"保护演示文稿"按钮，打开演示文稿保护方式列表，如图 7.5 所示。

(3) 选择演示文稿保护方式中的"用密码进行加密"，弹出"加密文档"对话框，如图 7.6 所示。

(4) 输入密码，然后单击"确定"按钮，完成密码设置。

 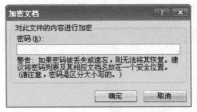

图 7.5　演示文稿保护方式　　　　图 7.6　"加密文档"对话框

4. 关闭演示文稿

当用户同时打开多个演示文稿时，应注意将不使用的演示文稿及时关闭，这样可以加快系统的运行速度。在 PowerPoint 中有多种方法可以关闭演示文稿。

(1) 通过"文件"选项卡关闭演示文稿。具体操作步骤如下：

① 选择要关闭的演示文稿，使其成为当前演示文稿。

② 执行"文件"选项卡|"退出"命令，即可关闭当前演示文稿。

(2) 通过"关闭"按钮关闭演示文稿。只要单击演示文稿窗口右上角的"关闭"命令按钮即可。

(3) 通过快捷键关闭演示文稿。按 Alt+F4 键，即可关闭演示文稿，返回桌面。

当对演示文稿进行了操作，在退出之前没有保存文件时，PowerPoint 会显示一个对话框，询问是否在退出之前保存文件，单击"保存"按钮，则保存所进行的修改；单击"不保存"按钮，在退出前不保存文件，对文件所进行的操作将丢失；单击"取消"按钮，取消此次退出操作，返回到 PowerPoint 操作界面。如果没有给演示文稿命名，还会出现"另存为"对话框，让用户给演示文稿命名，在"另存为"对话框中输入文件名之后，单击"保存"按钮即可。

7.3 设置幻灯片背景

为了美化幻灯片，用户可以为幻灯片设置不同的颜色、阴影、图案或者纹理的背景，也可以使用图片作为幻灯片背景。设置幻灯片背景颜色的操作步骤如下。

(1) 如果要设置单张幻灯片背景，可以将该幻灯片选为当前幻灯片，如果希望设置所有幻灯片的背景，则需进入幻灯片母版中。

(2) 选择"设计"选项卡，单击"背景样式"，出现背景样式列表，如图 7.7 所示。

(3) 单击"设置背景格式"，弹出"设置背景格式"对话框，如图 7.8 所示。

(4) 单击图 7.8 所示对话框中的"颜色"按钮，展开颜色设置列表，可选择系统提供的主题颜色或标准色，如图 7.9 所示。

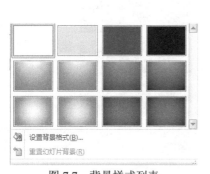

图 7.7　背景样式列表

图 7.8　"设置背景格式"对话框

(5) 如果所需颜色不在主题颜色或标准色中，单击"其他颜色"，打开"颜色"对话框，如图 7.10 所示。单击"标准"选项卡，选择所需的颜色，或者单击"自定义"选项卡，调配自己需要的颜色。

(6) 如果单击选中某种颜色，该颜色就会应用到所选幻灯片。如果要应用到所有的幻灯片，单击"全部应用"按钮即可。

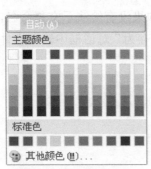

图 7.9　颜色设置列表

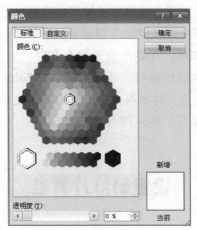

图 7.10　"颜色"对话框

7.3.1　设置渐变色填充背景

渐变过渡背景可沿色彩深浅某一方向逐渐变化，使幻灯片的背景有特殊的视觉效果。在"设置背景格式"对话框中，选择"渐变填充"，如图 7.11 所示。设置渐变填充，主要完成以下几方面的操作。

（1）单击"预设颜色"，打开预设颜色列表，如图 7.12 所示，选择一种预设颜色方案即可应用到所选幻灯片。

图 7.11　设置渐变填充

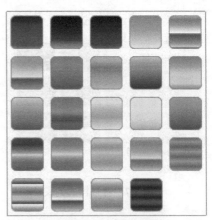

图 7.12　预设颜色列表

（2）如果用户想要自行设置渐变颜色，需要对"渐变光圈"进行编辑，默认情况下，"渐变光圈"颜色轴上有 3 个"停止点"，每个"停止点"可以设置一种颜色，从而实现颜色的渐变。如果想要更多颜色的渐变,则可以单击"添加渐变光圈"按钮,增加"停止点";如果想要减少颜色的渐变,则要单击"删除渐变光圈"按钮。

设置"停止点"颜色,需要单击选中某个"停止点",然后单击"颜色"按钮,再进行颜色的选取。除此之外,还可以设置"停止点"的位置、亮度和透明度。图 7.13 所示为有 5 个"停止点"渐变光圈颜色轴,分别设置了不同的颜色,并进行了位置的调整。

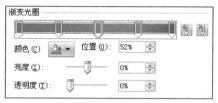

图 7.13　编辑渐变光圈

(3) 渐变类型的设置也很重要,主要包括"线性""射线""矩形""路径"和"标题的阴影"5 种类型。

(4) 选择不同的渐变方向,将会影响到渐变的效果,这里有 8 种渐变方向可供选择。

(5) 还可设置渐变的"角度"等。

总之,以上设置都是为了达到更为理想的渐变效果。

7.3.2　设置纹理填充背景

在"设置背景格式"对话框中,选择"图片或纹理填充"选项,如图 7.14 所示。

要想将纹理设置为背景,需单击"纹理"按钮,展开纹理列表,如图 7.15 所示。假如选择纹理列表第二行的"鱼类化石"纹理样式,并勾选图 7.14 所示对话框中的"将图片平铺为纹理"复选框,效果如图 7.16 所示,取消"将图片平铺为纹理"选项,效果如图 7.17 所示。

图 7.14　设置纹理填充

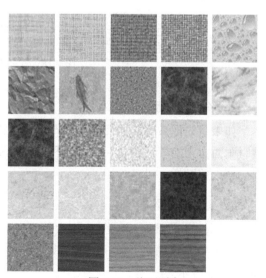

图 7.15　纹理列表

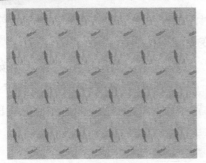 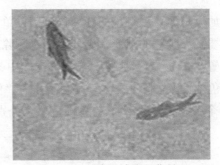

图 7.16　平铺纹理背景　　　　　图 7.17　取消平铺纹理背景

7.3.3　设置图片填充背景

将图片设置为幻灯片背景，主要有三种方法。

1. 来自图片文件

单击"插入自"下方的"文件"按钮，弹出"插入图片"对话框，如图 7.18 所示。选择一个图片文件，单击"插入"按钮，完成图片背景的设置。

图 7.18　"插入图片"对话框

2. 来自剪贴板

如果事先把素材画面复制到剪贴板中，则单击"剪贴板"按钮，就可以将剪贴板中的素材画面作为幻灯片背景。应用这种方法设置图片背景非常灵活，浏览到好的图片素材可即时放入剪贴板，以备使用。

3. 来自剪贴画

若想把剪贴画库中的图片作为幻灯片背景，可以单击"剪贴画"按钮，选中一幅剪贴画，再单击"确定"按钮，就可以将选中的剪贴画应用为选定幻灯片背景，如图 7.19 和图 7.20 所示。

图 7.19 "选择图片"对话框　　　　图 7.20 应用了剪贴画做背景的幻灯片

7.3.4 设置图案填充背景

在"设置背景格式"对话框中，选择"图案填充"选项，对话框如图 7.21 所示。例如，在图案样式列表中选择"瓦形"图案，并分别设置好前景色和背景色，所做的设置就会应用到所选幻灯片，如图 7.22 所示。如果单击"全部应用"按钮，所选图案就会应用到演示文稿的所有幻灯片背景中去；如果单击"重置背景"按钮，就会撤消所设置的图案背景，恢复到设置前的显示状态。

图 7.21 设置图案填充　　　　图 7.22 背景为"瓦形"图案的幻灯片

7.3.5 制作水印

水印是一种半透明图像，通常可用于信函和名片中，如将纸币对着光时即可看到纸币中的水印。使用水印不会对幻灯片的内容产生干扰。一般可使用淡化的图片、剪贴画或颜色制作水印，也可以使用文本框或艺术字制作文字水印。

由于水印常用于整个幻灯片中,所以水印制作一般应在幻灯片母版视图中进行,有关幻灯片母版视图的具体使用方法将在后面详细介绍,这里只介绍制作水印时使用的部分幻灯片母版功能。制作水印的操作步骤如下。

(1) 执行"视图"选项卡|"母版视图"组|"幻灯片母版"命令,进入幻灯片母版视图。

(2) 插入要作为水印的图片、剪贴画等,并调整其大小及位置。单击水印图片,显示"图片工具"选项卡,可对图片进行调整修改,如图7.23所示。

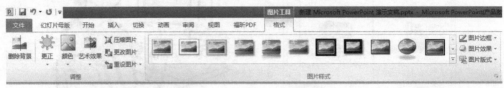

图7.23　"图片工具"选项卡

(3) 执行"视图"选项卡|"调整"组|"颜色"命令,弹出列表中包含"颜色饱和度""色调""重新着色"等区域,在"重新着色"下单击所需的颜色渐变。也可以单击列表中的"图片颜色"选项卡,打开"设置图片格式"对话框,如图7.24所示,在"图片颜色"选项卡的"重新着色"区域可进行预设选择。

图7.24　"设置图片格式"对话框

(4) 执行"格式"选项卡|"调整"组|"更正"命令,分别在"锐化和柔化"与"亮度和对比度"下选择所需项,也可以选择图7.24中的"图片更正"选项卡,分别对"锐化和柔化"与"亮度和对比度"进行百分比设置。

(5) 完成对水印的编辑和定位并且对其外观感到满意时,要将水印置于幻灯片的底层,选择"格式"选项卡|"排列"组中|"下移一层"旁边的箭头,然后单击"置于底层"命令。

7.3.6 配色方案

所谓配色方案，是指一组可以应用到所有幻灯片、个别幻灯片、备注页或听众讲义的颜色。在演示文稿中应用设计模板时，从每个设计模板预定义的配色方案中选择，可以很容易地更改幻灯片或整个演示文稿的配色方案，并确保新的配色方案和演示文稿中的其他幻灯片相互协调。

配色方案中的各种颜色都有其特定的用途，例如，可以控制背景、阴影、标题文本、填充、强调文字、超级链接等。每一个默认的配色方案都是系统精心调配的，可以使演示文稿有最佳的效果。一般在套用演示文稿设计模板时，同时也套用一个配色方案。

1. 应用标准配色方案

应用系统标准配色方案步骤如下。

(1) 打开演示文稿，在普通视图下选择要应用配色方案的幻灯片。

(2) 选择"设计"选项卡，然后单击"颜色"，出现配色方案列表框，如图 7.25 所示。

(3) 在配色方案列表中选择一种配色方案，单击鼠标右键，在弹出的快捷菜单中选择"应用于所选幻灯片"，则将新的配色方案应用于当前的幻灯片；单击"应用于所有幻灯片"，则将新的配色方案应用于整个演示文稿。

2. 新建主题颜色

如果想要定义一个符合用户个人风格的颜色方案，则需单击配色方案列表下方的"新建主题颜色"命令，弹出"新建主题颜色"对话框，如图 7.26 所示。

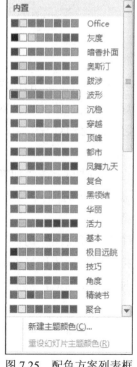

图 7.25　配色方案列表框

图 7.26　"新建主题颜色"对话框

新建主题颜色后，命名后保存就会出现在配色方案列表框的最上方，可以查看并使用。

3. 删除自定义配色方案

如果想要删除用户定义的配色方案，只需在配色方案列表框中，选中该配色方案，然后单击鼠标右键，在快捷菜单中选择"删除"命令，即可删除配色方案。

7.4 幻灯片切换

幻灯片的切换效果是指播放幻灯片时加在连续的幻灯片之间的特殊过渡效果。在幻灯片放映的过程中，由一张幻灯片切换到另一张幻灯片时，可用多种不同的过渡效果将下一张幻灯片显示到屏幕上。

为幻灯片添加切换效果可以在普通视图或幻灯片浏览视图中进行，但最好是使用幻灯片浏览视图，因为在浏览视图中可以看到演示文稿中所有的幻灯片，并且能非常方便地选择要添加切换效果的幻灯片。

添加或修改幻灯片切换效果的操作步骤如下：

(1) 在幻灯片浏览视图中，选择"切换"选项卡，显示"切换"选项卡的功能区，如图 7.27 所示。

图 7.27 "切换"选项卡功能区

(2) 选择要添加切换效果的幻灯片(一张或多张)，在"切换到此幻灯片"组的切换效果快速样式库中选择合适的切换效果。当单击该效果时，所选幻灯片将会预览其切换效果。

(3) 如需要对选定的切换效果做方向上的改变，可单击"切换到此幻灯片"组的"效果选项"。

(4) 若要设置上一张幻灯片与当前幻灯片之间的切换效果的持续时间，在"切换"选项卡的"计时"组中的"持续时间"框中，可以输入或选择所需的持续时间(单位为秒)，单击"预览"按钮，可预览设置后的效果。

(5) 幻灯片的切换方式有两种，若想要单击鼠标时切换幻灯片，可以在"切换"选项卡的"计时"组中，选择"单击鼠标时"复选框；若要在经过指定时间后才切换幻灯片，可以在"切换"选项卡的"计时"组中，选择"设置自动换片时间"复选框，然后在其后的文本框中输入所需的秒数。

(6) 如果想在幻灯片切换时添加声音效果，可以在"切换"选项卡的"计时"组中，单击"声音"旁的箭头。若要添加列表中已预置的声音，选择所需的声音；若要添加列表中没有的声音，应选择"其他声音"命令，弹出"添加音频"对话框，如图7.28所示，在对话框中选择路径，找到要添加的声音文件，然后单击"确定"按钮。

图7.28 "添加音频"对话框

注意：这里使用的声音只允许为.wav格式的声音文件，且此声音文件将被嵌入到幻灯片中；如果要求在幻灯片演示的过程中始终使用此声音效果，则选择列表中的"播放下一段声音之前一直循环"复选框。

以上操作如果想让所有的幻灯片应用相同的切换效果、切换方式等，可在"切换"选项卡的"计时"组中，单击"全部应用"命令。

7.5 超链接

在演示文稿中，若对文本或其他对象(如图片、表格等)添加超链接，此后单击该对象时可直接跳转到其他位置。在PowerPoint中，超链接可以是从一张幻灯片到同一演示文稿中另一张幻灯片的连接，也可以是从一张幻灯片到不同演示文稿中另一张幻灯片、到电子邮件地址、网页或文件的连接。用户可以从文本或对象(如图片、图形、形状或艺术字)创建超链接。下面介绍设置超链接的方法。

7.5.1 利用"超链接"按钮创建超链接

利用常用工具栏中的"超链接"按钮🔗来设置超链接是常用的一种方法，虽然它只能创建鼠标单击的激活方式，但在超链接的创建过程中可以方便地选择所要跳转的目的地文件，同时还可以清楚地了解所创建的超链接路径。利用"超链接"按钮设置超链接，具体步骤如下。

(1) 在要设置超链接的幻灯片中选择要添加链接的对象。

(2) 选择"插入"选项卡中"链接"组里的"超链接"按钮，弹出"插入超链接"对话框，如图 7.29 所示。

图 7.29 "插入超链接"对话框

(3) 如果链接的是此文稿中的其他幻灯片，就在左侧的"链接到"选项中单击"本文档中的位置"图标，在"请选择文档中的位置"中单击所要链接到的那张幻灯片(此时会在右侧的"幻灯片预览"框中看到所要链接到的幻灯片)，如图 7.30 所示，或是单击"书签"按钮，弹出"在文档中选择位置"对话框；如果链接的目的地文件在计算机其他文件中，或是在 Internet 上的某个网页上或是一个电子邮件的地址，则在"链接到"选项中，单击相应的图标进行相关的设置。

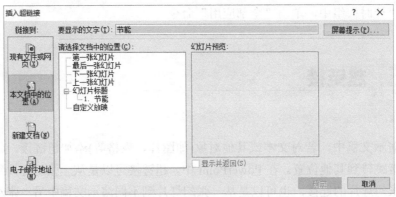

图 7.30 选择链接文档

(4) 单击"确定"按钮即可完成超链接的设置，包含超链接的文本默认带下划线。

7.5.2 利用"动作"按钮创建超链接

用鼠标单击创建超链接的对象，使之高亮度显示，并将鼠标指针停留在所选对象上。选择"插入"选项卡中"链接"组里的"动作"按钮，弹出"动作设置"对话框，如图 7.31

所示。在对话框中有两个选项卡"单击鼠标"与"鼠标移过",通常选择默认的"鼠标单击",单击"超链接到"选项,展开超链接选项列表,根据实际情况选择其一,然后单击"确定"按钮即可。

图 7.31 "动作设置"对话框

如果要取消超链接,可使用鼠标右键单击插入了超链接的对象,在弹出的快捷菜单中单击"取消超链接"命令即可。

7.6 设计母版

母版可以对演示文稿的外观进行控制,包括对幻灯片上使用的图形、图片、背景颜色,以及所输入的标题和文本的格式与类型、颜色、放置位置等进行预设置,在母版上进行的设置将应用到基于它的所有幻灯片。但是改动母版的文本内容不会影响基于该母版的幻灯片的相应文本内容,仅影响其外观和格式。如果要使个别幻灯片的外观与母版不同,直接修改该演示页而不用修改母版。但是对已经改动过的幻灯片,在母版中的改动对之就不再起作用。

母版分为以下 4 种:幻灯片母版、标题母版、讲义母版、备注母版。

7.6.1 幻灯片母版

幻灯片母版是所有母版的基础,能控制除标题幻灯片之外演示文稿中所有幻灯片的默认外观,也包括讲义和备注中的幻灯片外观。幻灯片母版控制文字的格式、位置、项目符号的字符、配色方案及图形等项目。

执行"视图"菜单|"母版"子菜单|"幻灯片母版"命令,将显示幻灯片母版视图,同时弹出"幻灯片母版"工具栏,如图 7.32 所示。

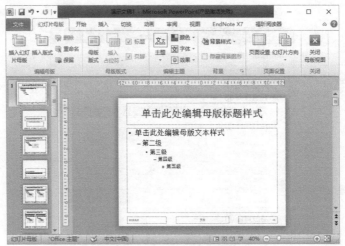

图 7.32　幻灯片母版视图

默认的幻灯片母版中有 5 个占位符:标题区、对象区、日期区、页脚区、数字区,修改后可以影响所有基于该母版的幻灯片。

(1) 标题区:用于所有幻灯片标题的格式化,可以改变所有幻灯片标题的字体效果。

(2) 对象区:用于所有幻灯片主题文本的格式化,可以改变文本的字体效果及项目符号和编号等。

(3) 日期区:用于页眉/页脚上日期的添加、定位、大小和格式化。

(4) 页脚区:用于页眉/页脚上说明性文字的添加、定位、大小和格式化。

(5) 数字区:用于页眉/页脚上自动页面编号的添加、定位、大小和格式化。

图中的文本框如"日期区""页脚区"等称为"占位符"在母版中,除了编辑占位符,还可以编辑母版的背景、配色方案及动画方案等,与幻灯片的配色方案和动画方案的操作基本相同。

注意:对幻灯片母版的修改会反映在其派生出的每个幻灯片上。要让图形或文本出现在每个幻灯片上,最快捷的方式是将其置于母版上,母版上的对象会出现在每个演示页的相同位置上。即母版和由它派生的每个幻灯片之间有一种继承关系,但一旦单独设置某一幻灯片的格式就会与母版脱离这种关系,在将这一幻灯片格式改回与母版相同时就会重新建立这种关系。

7.6.2　标题母版

在"幻灯片母版视图"工具栏中单击"新标题母版"按钮,则可创建一个新的标题母版。标题母版可以控制标题幻灯片的格式,还能控制指定为标题幻灯片的幻灯片。如果希望标题幻灯片与演示文稿中其他幻灯片的外观不同,可改变标题母版。

注意：标题母版仅影响使用了"标题母版"版式的幻灯片，标题母版对幻灯片母版也有一种继承关系，所以对幻灯片母版上的文本格式改动会影响标题母版，因此在设置标题母版之前应先完成正文母版的设置。

在母版的标题文字框或正文文字框内输入的文字不显示在幻灯片中，但对它们的格式设置将影响整个由母版衍生的幻灯片。

7.6.3 讲义母版

讲义母版用于格式化讲义，执行"视图"菜单|"母版"子菜单|"讲义母版"命令，显示出讲义母版视图，弹出"讲义母版"工具栏，如图 7.33 所示。

图 7.33 讲义母版视图

在"讲义母版视图"工具栏中选择一种讲义版式，不同的版式在每页将包含不同的幻灯片数目。另外，在"讲义母版视图"工具栏还有一种大纲方式的讲义版式。在讲义母版视图中可以编辑 4 个占位符：页眉区、日期区、页脚区、数字区。对于幻灯片区或大纲区不能移动也不能调整大小，只能通过工具栏改变数目。

7.6.4 备注母版

备注母版用于格式化演讲者的备注页面，执行"视图"菜单|"母版"子菜单|"备注母版"命令，显示出备注母版视图，弹出"备注母版"工具栏，如图 7.34 所示。

在备注母版中可以添加图形项目和文字，而且可以调整幻灯片区域的大小。备注母版有 6 个占位符：页眉区、日期区、页脚区、数字区、幻灯片区、备注文本区，可以对它们进行编辑，编辑的效果将影响由其衍生的所有备注页。

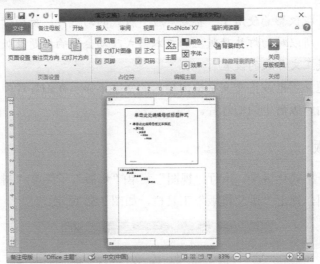

图 7.34 备注母版视图

7.7 自定义动画

为了丰富幻灯片的演示效果，可以将演示文稿中的文本、图片、形状、表格、SmartArt 图形、音频和视频等对象制作成动画，赋予它们进入、退出、大小或颜色变化甚至移动等视觉效果，也可以设置各元素动画效果的先后顺序，以及为每个对象设置多个播放效果。

7.7.1 动画效果

动画设计是通过"动画"选项卡中的相关命令完成的，"动画"选项卡如图 7.35 所示。各种动画的添加可通过"动画快速样式库"中的动画效果完成，也可通过"添加动画"命令完成。

图 7.35 "动画"选项卡

PowerPoint 2010 中提供以下 4 种不同类型的动画效果。

(1) "进入"效果：用来设定各对象在播放时进入幻灯片的动画效果。例如，可以使对象逐渐淡入焦点、从边缘飞入幻灯片或者跳入视图中等。

(2) "退出"效果：用来设定各对象在播放时离开或退出幻灯片时的动画效果，这些效果包括使对象飞出幻灯片、从视图中消失或者从幻灯片旋出等。

(3)"强调"效果:用来设定各对象在播放幻灯片进行强调的动画效果,这些效果包括使对象缩小或放大、更改颜色或沿着其中心旋转等。

(4)动作路径:动作路径是指指定对象或文本行进的路线。它是幻灯片动画系列的一部分。使用动作路径效果可以使对象上下移动、左右移动或者沿着星形或圆形图案移动。可以使用内置的动作路径,也可以自定义动作路径。

① 设置内置动作路径:当为对象添加了内置的动作路径效果时,在幻灯片的编辑区会添加上一个虚线形式的路径,路径的起始处是绿色的三角号标记,结束处是红色的三角号标记,代表对象由绿色三角号标记处沿虚线移动到红色三角号标记处。如需要对路径移动或调整,可先选定路径,当鼠标变为十字花方向形状时,按住鼠标可移动路径;鼠标指向绿色圆点按住鼠标移动,可对路径进行方向性调整;拖曳路径对象框周围的 8 个空心圆点可放大或缩小动作路径。

② 自定义动作路径:当内置的动作路径不符合需求时,可在动作路径中选择"自定义路径",此时鼠标指针变成十字,在动作开始的位置按下鼠标拖曳,鼠标指针变为画笔,按需要画出动作路径,在路径结束时双击鼠标,自定义路径被添加到幻灯片编辑区,其移动、调整等操作与上述内置动作路径相同。

在设计动画时,可以单独使用任何一种动画,也可以将多种效果组合在一起。例如,可以对一行文本应用"飞入"进入效果及"放大/缩小"强调效果,使它在从左侧飞入的同时逐渐放大。

7.7.2 为对象设置动画效果

为幻灯片上的对象设置动画效果,操作步骤如下。

(1)执行"动画"选项卡|"高级动画"组|"动画窗格"命令,打开"动画窗格"任务窗格,如图 7.36 所示。该任务窗格中能够显示添加完的动画序列,并能显示有关动画效果的重要信息,如效果的类型、多个动画效果之间的相对顺序、受影响对象的名称和效果的持续时间等。图中标记①是动画编号,它表示动画效果的播放顺序。该任务窗格中的标号与幻灯片上显示的不可打印的编号标记相对应;标记②是时间线,代表着效果的持续时间;标记③是图标,代表着动画效果的类型;标记④是选择列表,单击后会看到相应的菜单图标,可在其中选择操作。

(2)在幻灯片中选定一个对象,把鼠标指向"动画快速样式库"中的动画效果,可以预览其效果,单击"其他"按钮,然后选择所需的动画效果。如果没有看到所需的进入、退出、强调或动作路径动画效果,可以单击"更多"按钮或"高级动画"组的"添加动画"命令,在弹出的列表中根据需要选择"更多进入效果""更多强调效果"或"其他动作路径"命令,如选择"更多进入效果"命令后,会弹出"更改进入效果"对话框,如图 7.37 所示,选择一个合适的进入效果,单击"确定"按钮,该动画效果会被添加。

图 7.36　动画窗格　　　　图 7.37　"更改进入效果"对话框

(3) 在将动画应用于对象或文本后，幻灯片上已制作成动画的项目会标上不可打印的编号标记，该标记显示在文本或对象旁边。仅当选择"动画"选项卡或"动画"任务窗格可见时，才会在"普通"视图中显示该标记。在"动画窗格"中的所有动画效果列表将按照时间顺序排列并有标号，在左边幻灯片视图中则有对应的标号与之对应，标号位置在该效果所作用的对象的左上方。通过效果列表和效果标号都可以选定效果项，在选中效果项后，再单击"动画快速样式库"中的动画效果执行的是更改动画效果。

(4) 在"动画窗格"中选择该动画，单击"动画"选项卡|"动画"组|"效果选项"命令，可以在此列表中选择该动画产生动画效果的方向或形状等。"效果选项"命令列表中的内容根据选择的动画效果不同而发生改变。

(5) 单击"动画"窗格中动画右侧的下三角按钮，在列表中显示了三种动画效果的开始方式，其表示的图标有以下几种。

① 单击开始：用鼠标图标表示，只有单击鼠标时才开始动画效果。

② 从上一项开始：无图标表示，动画效果开始播放的时间与列表中上一个效果的时间相同。此设置在同一时间能够组合多个效果。

③ 从上一项之后开始：用时钟图标表示，动画效果在列表中的上一个效果完成播放后立即开始。

以上操作也可以通过单击"动画"选项卡|"计时"组|"开始"命令完成。

动画效果的编号是以设置开始列表"单击开始"选项时的动画效果为界限的。如果在幻灯片中设置了多个"单击时开始"的动画效果，则会根据设置的先后顺序进行编号，如 1、2 等编号，并且编号后显示图标；如果在某一动画效果后设置了"从上一项之后开始"动画效果，其编号将和上一编号相同，并且显示图标；如果某一动画效果设置了"从上一项开始"的动画效果，其编号也将和上一编号相同，并且编号的位置无图标显示。

注意：在一张幻灯片中如果设置了多个动画效果为"从上一项开始"，则这些动画效果在下一效果之前同时开始展示；如果设置了多个动画效果为"从上一项之后开始"，则这些动画效果根据设置的顺序依次展示。

(6) 如要对列表中的动画重新排序，可在"动画窗格"中选择要重新排序的动画，然后执行"动画"选项卡|"计时"组|"对动画重新排序"|"向前移动"命令，使动画在列表中另一动画之前发生，或者选择"向后移动"命令使动画在列表中另一动画之后发生。也可以直接用鼠标拖曳动画以调整其位置。

(7) 若要为同一对象应用多个动画效果，应先选择要添加多个动画效果的文本或对象，执行"动画"选项卡|"高级动画"组|"添加动画"命令来完成，不要用"动画快速样式库"操作，它只起到修改动画的作用。

(8) 单击"播放"按钮，则可自动播放当前幻灯片，可观察其设置的动画效果是否符合设计需求。

注意：可以为多个对象同时设置一个动画效果，选择多个连续对象时可按下 Shift 键单击被选择对象，选择多个不连续对象可按下 Ctrl 键单击被选择对象，然后进行动画设置。

7.7.3 设置效果选项

单击"动画窗格"中任意一个动画效果时，在该效果的右端将会出现一个下三角按钮，单击下三角按钮，弹出下拉列表。在列表中选择"效果选项"命令，根据动画效果会相应出现一个含有"效果""计时""正文文本动画"选项卡的对话框，如图 7.38 所示，其中"正文文本动画"选项卡只有选择的对象为文本框对象时才有效。在对话框中可以对效果的各项进行详细的设置。

1. "效果"选项卡

(1) 在图 7.39 中选择"效果"选项卡，在"设置"区域可以对动画效果的方向进行设置，这与"动画"选项卡上的"效果选项"下拉列表中的具体设置是对应的。设置区域的内容随着选择的动画效果不同而不同。

图 7.38 效果项设置列表

图 7.39 "效果"选项卡

(2) 在"增强"区域，单击"声音"列表框右侧的下三角按钮，在下拉列表中可以为动画效果选择一种系统内置的声音，单击列表右侧的小喇叭按钮可调整音量大小；如希望使用用户自定义的声音，在下拉列表中单击"其他声音"，打开"添加音频"对话框，需注意声音的格式必须采用标准的波形文件(*.wav)格式。当声音设置完成后，该声音将伴随对象的动画进行播放。

(3) 单击"动画播放后"列表框右侧的小三角按钮，在下拉列表中可以选择一种效果，该效果将在动画播放后对该对象生效，如在列表中选择了"播放动画后隐藏"，则动画效果播放完毕后该对象将自动隐藏。

(4) 单击"动画文本"列表框右侧的下三角按钮，在下拉列表中有三种选择。

① 整批发送：选择的文本对象将以段落作为一个整体出现。

② 按字词：如果选择的文本对象是英文，则按单个单词飞入；如果是中文，则按字或词飞入。此时可设置字或词之间的延迟百分比。

③ 按字母：如果选择的文本对象是英文，则按字母飞入；如果是中文，则按字飞入。此时可设置各字母或字之间的延迟百分比；

2．"计时"选项卡

选择"计时"选项卡，如图 7.40 所示，可在该选项卡中对动画的开始方式、延迟时间和动画持续时间(期间)、重复次数等进行设置。其中"开始"下拉列表中的选项与"动画"选项卡中"计时"组"开始"命令中的选项相同；"延迟"文本框用来设置动画的延迟时间；"期间"文本框用来设置对象动画的持续时间和速度，可选择系统中预设的时间，也可以在文本框中直接输入数值，单位为秒；"重复"下拉列表设置该动画重复的次数。

图 7.40 "计时"选项卡

单击"触发器"按钮，可展开触发器区域，在此区域可以把某些动画效果设置为触发器，如当单击某个对象时才启动该动画效果。选中"单击下列对象时启动效果"单选按钮，从右侧的下拉列表框中选择用来触发该效果的对象，设置后在放映幻灯片时，只有单击设置的对象，动画才会放映出来。如果单击了该对象外的地方，那么将跳过该动画效果的播放，这一项功能可以用来让演讲者在放映时决定是否放映某一对象。

3. "正文文本动画"选项卡

当为文本框对象设置动画时,在效果选项设置时会显示"正文文本动画"选项卡,如图 7.41 所示,在此选项卡中可以对文本框中的组合文本进行设置。

图 7.41　"正文文本动画"选项卡

如果文本框中的文本分为不同的大纲级别,在"组合文本"下拉列表框中可以选择文本框中文本出现的段落级别。例如,选择"按第一级段落"则在播放时第一级段落中的文本和第一级下所有级别的文本将同时出现;如果选择"按第二级段落"则在播放时第一级段落中的文本首先出现,然后第二级文本和第二级下所有级别的文本同时出现;选择"每隔 XX 秒"复选框,则文本框中的各段落文本每隔 XX 秒完成动画;选中"相反顺序"复选框可以让段落按照从后先前的顺序播放。

7.8　音频与视频对象

在演示文稿中插入声音或影片,可以提高幻灯片的观赏性和实用性。在 PowerPoint 中,音频或视频文件在被插入到幻灯片后以两种形式存在。

(1) 嵌入对象:包含在源文件中并且插入目标文件中的信息(对象)。一旦嵌入,该对象将成为目标文件的一部分。对嵌入对象所做的更改只反应在目标文件中。

(2) 链接对象:该对象在源文件中创建,然后被插入到目标文件中,并且维持两个文件之间的链接关系。更新源文件时,目标文件中的链接对象也可以得到更新。

7.8.1　插入音频

插入音频的操作步骤如下。

(1) 执行"插入"选项卡|"媒体"组|"音频"命令,显示如图 7.42 所示的子菜单。

图 7.42 "音频"子菜单

(2) 在"音频"子菜单中选择插入音频是来自文件、剪贴画音频或自己录制音频,通常都是插入来自文件的音频,即用户已准备好的音频。

(3) 现在以插入文件中的音频为例说明其操作过程。单击"音频"子菜单的"文件中的音频"命令,弹出"插入音频"对话框,如图 7.43 所示。

图 7.43 "插入音频"对话框

(4) 在"插入音频"对话框中选择音频文件所在的位置及文件名,单击"插入"按钮,会在选定幻灯片中插入小喇叭的音频图标及控制声音播放的工具栏,音频会以嵌入方式插入幻灯片中;如果单击"插入"按钮右侧的下三角按钮,在菜单中选择"链接到文件"命令,则音频会以链接方式链接到幻灯片中。

(5) 单击幻灯片中的声音图标时,会显示"音频工具"选项卡。"音频工具"选项卡中又包含"格式"和"播放"两个子选项卡。

(6) "播放"子选项卡用于编辑音频、设置音量、设置音频播放的时机等,如图 7.44 所示。

图 7.44 "音频工具"选项卡|"播放"子选项卡

① 执行"预览"组|"播放"命令,可试听音乐。

② 执行"编辑"组|"剪裁音频"命令,弹出"剪裁音频"对话框,如图7.45所示。该对话框可设置幻灯片使用音频的开始时间和结束时间,设置好后,可单击"播放"按钮试听,如符合需要,单击"确定"按钮。

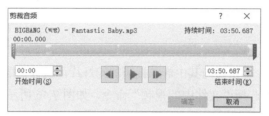

图7.45 "剪裁音频"对话框

③ "编辑"组中的"淡入"命令可设置音频由弱到强的进入效果,可在"淡入"文本框中输入淡入持续的时间,单位为秒;"编辑"组中的"淡出"命令可设置音频由强到弱的离开效果,可在"淡出"文本框中输入淡出持续的时间,单位为秒。

④ 执行"音频选项"组|"开始"命令,在列表中有以下三个选项。

- 自动:选择"自动"选项,则在放映该幻灯片时就播放音频。
- 单击时:选择"单击时"选项,则在单击特定对象后才播放音频。插入声音时,会添加一个播放"触发器"动画效果。对触发器动画效果的设置可在"动画窗格"中选择音频动画效果,单击其右侧下三角号按钮,在弹出的列表中选择"计时"命令,弹出"播放音频"对话框,在"计时"选项卡中选择"单击下列对象时启动效果"下拉列表中的对象,则在播放幻灯片时,单击该对象即可播放插入的音频。
- 跨幻灯片播放:选择"跨幻灯片播放"选项,在播放演示文稿时音频会在所有幻灯片中持续播放。

(7) 选择"音频选项"组|"循环播放,直到停止"复选框,则会连续循环播放音频直到演示结束。

(8) 选择"音频选项"组|"放映时隐藏"复选框,则播放时会隐藏幻灯片上的音频图标。只有将音频剪辑设置为自动播放,或者创建了其他类型的控件(单击该控件可播放剪辑,如触发器)时,才可使用该选项。

有时用户可能希望音频从当前位置开始连续在多张幻灯片中播放,即需要指定音频应何时停止播放,其操作步骤如下。

(1) 在"动画窗格"中选择音频播放效果的行,单击下三角按钮,然后单击"效果选项",弹出"播放音频"对话框。

(2) 在"效果"选项卡的"停止播放"区域下,选择"在n张幻灯片后"选项,这样可以设置该文件持续在多少张幻灯片中播放。

(3) 上述过程只在该文件长度内播放一次声音或影片,不会循环播放音频,如需要重复播放或影片,则应选择"计时"选项卡。在该选项卡的"重复"下拉列表中选择需要重复的次数,或选择"直到下一次单击"或"直到幻灯片末尾"。

7.8.2 插入视频

使用 PowerPoint 2010 可以将来自文件的视频直接插入到演示文稿中，也可以插入.gif 动画文件，如果安装了 QuickTime 和 Adobe Flash 播放器，则 PowerPoint 将支持 QuickTime(.mov/.mp4)和 Adobe Flash(.swf)文件，但须注意，PowerPoint 2010 不支持 64 位版本的 QuickTime 或 Flash。

1. 嵌入视频

在"普通"视图下，单击要向其中嵌入视频的幻灯片，执行"插入"选项卡|"媒体"组|"视频"命令，在列表中选择"文件中的视频"命令，如图 7.46 所示，弹出"插入视频文件"对话框。在"插入视频文件"对话框中，找到并单击要嵌入的视频，然后单击"插入"按钮，如图 7.47 所示。在插入影片时，"动画窗格"中添加的是暂停"触发器"动画效果，在幻灯片放映中，单击影片框可暂停播放，再次单击可继续播放。嵌入视频时，不必担心在传递演示文稿时会丢失视频文件，但会增大幻灯片文件的大小。

图 7.46 "视频"子菜单

图 7.47 "插入视频文件"对话框

2. 链接视频

为了减少幻灯片的大小，可以链接外部视频到幻灯片中。其操作方法是在如图 7.48 所示的"插入视频文件"对话框中，单击"插入"按钮右侧的下三角号，在弹出的列表中选择"链接到文件"命令。通过链接视频，可以减少演示文稿的文件大小，但为了防止移植幻灯片时可能出现断开与视频的链接问题，应先将视频复制到演示文稿所在的文件夹中，然后再链接到视频。

图 7.48　链接视频

7.8.3　全屏播放视频

单击插入的视频，会显示"视频工具"选项卡，它也包含"格式"和"播放"两个子选项卡，选择"播放"子选项卡，如图 7.49 所示。该选项卡的内容基本与"音频工具"选项卡中的内容相似。

图 7.49　"视频工具"选项卡|"播放"子选项卡

如果希望在播放影片时能全屏播放影片，让它看上去不像是在幻灯片上播放，而是像看电影一样，可以选择"播放"子选项卡|"视频选项"组|"全屏播放"复选框，这样在单击影片播放时将全屏显示影片。

7.8.4　格式化视频

如需要对插入的视频进行格式化处理，可选择"视频工具"选项卡的"格式"子选项卡，如图 7.50 所示。在该子选项卡中可使用"视频样式库"中预设的样式来设置外观样式，也可以通过"视频形状""视频边框""视频效果"等命令来自定义设置视频的外观样式；可以单击"调整"组中的"更正""颜色"命令来调整视频的亮度和对比度、着色等。

图 7.50 "视频工具"选项卡|"格式"子选项卡

7.9 幻灯片放映

7.9.1 创建自定义放映

放映演示文稿时,用户可以根据需要创建一个或多个自定义放映方案。可以选择演示文稿中多个单独的幻灯片组成一个自定义放映方案,并设计方案中各幻灯片的放映顺序。放映自定义方案时,PowerPoint 会按事先设置好的幻灯片放映顺序放映自定义方案中的幻灯片。

1. 设置自定义放映

设置自定义放映的操作步骤如下。

(1) 执行"幻灯片放映"选项卡|"开始放映幻灯片"组|"自定义幻灯片放映"|"自定义放映"命令,弹出"自定义放映"对话框,如图 7.51 所示。如果以前没有建立过自定义放映,窗口中是空白的,只有"新建"和"关闭"两个按钮可用。

(2) 单击"新建"按钮,弹出"定义自定义放映"对话框。

图 7.51 "自定义放映"对话框

(3) 在"定义自定义放映"对话框中,先在"幻灯片放映名称"文本框中输入自定义放映文件的名称。"在演示文稿中的幻灯片"列表框中选择要添加到自定义放映的幻灯片,并单击"添加"按钮。按此方法依次添加幻灯片到自定义幻灯片列表中。

(4) 设置好后单击"确定"按钮,返回"自定义放映"对话框,在"自定义放映"列表中显示了刚才创建的自定义名称。

(5) 如果添加幻灯片时添加错了顺序,可以在"定义自定义放映"对话框中的幻灯片列表里选中要移动的幻灯片,然后再单击向上、向下箭头改变位置,如图 7.52 所示,如果添加了多余的幻灯片,在"定义自定义放映"对话框中的幻灯片列表里选中要删除的幻灯片,然后单击"删除"按钮。

2. 编辑自定义放映

编辑自定义放映的操作步骤如下。

(1) 执行"幻灯片放映"选项卡|"开始放映幻灯片"组|"自定义幻灯片放映"|"自定义放映"命令，弹出"自定义放映"对话框，如图 7.51 所示。

(2) 在"自定义放映"列表中选择已定义的名称，单击"删除"按钮，则自定义的放映方式将被删除，但其使用的幻灯片仍保留在演示文稿中，如图 7.53 所示。

(3) 在"自定义放映"列表中选择自定义的名称，单击"复制"按钮，这时会复制一个相同的自定义放映方式，其名称前面出现"(复件)"字样，可以单击"编辑"按钮，对其进行重命名或增删幻灯片的操作，如图 7.54 所示。

(4) 在"自定义放映"列表中选择自定义的名称，单击"编辑"按钮，会出现"定义自定义放映"对话框，如图 7.52 所示，在此对话框中允许添加或删除任意幻灯片。

(5) 自定义放映编辑完毕，单击"关闭"按钮，则关闭"自定义放映"对话框。

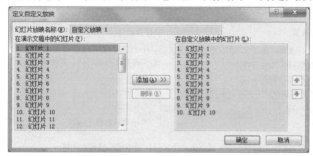

图 7.52 "定义自定义放映"对话框

图 7.53 删除

图 7.54 复制

7.9.2 设置放映方式

PowerPoint 提供放映幻灯片的几种不同方法，以满足不同环境下不同对象的需要。执行"幻灯片放映"选项卡|"设置"组|"设置幻灯片放映"命令，弹出"设置放映方式"对话框，如图 7.55 所示。

(1) 在"设置放映方式"对话框的"放映类型"区域中可以设置不同的放映方式。

① 演讲者放映：演讲者放映方式可运行全屏显示的演示文稿，通常用于演讲者亲自播放演示文稿。使用这种方式，演讲者具有完整的控制权。演讲者可以将演示文稿暂停，添加会议细节或即席反应，可以在放映过程中录下旁白，还可以使用画笔。

② 观众自行浏览：观众自行浏览放映方式是以一种较小的规模运行放映，以这种方式放映演示文稿时，该演示文稿会出现在小型窗口内，并提供相应的操作命令，可以在放

映时移动、编辑、复制和打印幻灯片。在这种方式中，可以使用滚动条从一张幻灯片移到另一张幻灯片，同时可以打开其他程序，也可以显示 Web 工具栏，以便浏览其他的演示文稿和 Office 文档。

③ 在展台浏览：展台浏览放映方式可以自动运行演示文稿，主要用在无人管理幻灯片放映的情况下，运行时大多数的菜单和命令都不可用，并且在每次放映完毕后会重新开始。

在这种放映方式中无论是单击还是右击鼠标，鼠标都几乎变得不可用。

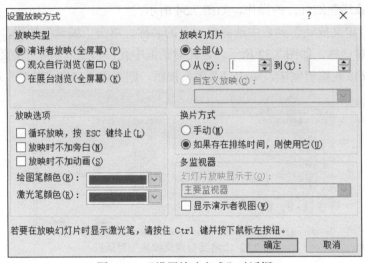

图 7.55　"设置放映方式"对话框

注意："在展台浏览"放映方式中，如果设置的是手动换片方式放映，那么将无法执行换片操作；如果设置了"排练计时"，会严格地按照"排练计时"时设置的时间放映。按 Esc 键可退出此种放映方式。

(2) 在"放映幻灯片"区域可以为各种放映方式设置换片的方式。选择"全部"单选按钮，将在放映时放映演示文稿中全部的幻灯片；如果设置了自定义放映，可以选择"自定义放映"单选按钮，然后在下拉列表中选择自定义放映的名称；还可以在"从…到…"文本框中设置幻灯片放映的具体数目。

(3) 在"换片方式"区域可以为各种放映方式设置换片的方式。如果设置了放映计时，并单击"如果存在排练时间，则使用它"单选按钮，可以使用排练计时方式进行播放；如果没有设置放映计时，可以选择"手动"换片方式，但这种方式对"在展台浏览"放映方式是不起作用的。

注意：如果在该对话框中不选择"如果存在排练时间，则使用它"单选按钮，即使设置了放映计时，在放映幻灯片时也不能使用放映计时。

(4) 在"放映选项"区域，如选择"循环放映，按 Esc 键终止"复选框，可对幻灯片进行循环播放，直到按下 Esc 键才终止播放；如放映时不需要使用定义的动画效果，可选择"放映时不加动画"复选框；如放映时不需要播放录制的旁白，可选择"放映时不加旁白"复选框。在"绘图笔颜色"列表中可调整绘图笔的颜色。

(5) 在播放幻灯片时如想强调要点，可将鼠标指针变成激光笔，在"幻灯片放映"视图中，只需按住 Ctrl 键，单击鼠标左键，即可开始标记。

7.9.3 控制演讲者放映

当制作演示文稿的全部工作完成以后，就可以进行幻灯片的放映。以下几种方法可以启动幻灯片的放映。

➢ 单击演示文稿窗口左下角的"幻灯片放映"按钮，或按 Shift+F5 键，或选择"幻灯片放映"选项卡|"开始放映幻灯片"组|"从当前幻灯片开始"命令，可以从当前幻灯片开始放映。

➢ 执行"幻灯片放映"选项卡|"开始放映幻灯片"组|"从头开始"命令，或按 F5 键，幻灯片将从第一张开始放映。

默认情况下，幻灯片执行的是"演讲者放映"方式，在该方式下演讲者可以对幻灯片进行自由的控制，例如，可以在放映幻灯片时随时定位幻灯片，可以使用画笔，可以设置屏幕选项等。

(1) 定位幻灯片。使用定位功能可以在放映幻灯片时快速地切换到想要显示的幻灯片上，而且可以显示隐藏的幻灯片。在幻灯片放映时右击，弹出快捷菜单，如图 7.56 所示。

① 在菜单中如果选择"下一张"或"上一张"命令将会放映下一张或上一张幻灯片。

② 在快捷菜单上选择"定位至幻灯片"将显示其子菜单，在子菜单中带括号的标题为隐藏的幻灯片。选择一个幻灯片系统将会播放此幻灯片，如果选择的是隐藏的幻灯片也能被放映。

③ 如果设置了自定义放映方式，则在快捷菜单上选择"自定义放映"选项，将显示已定义放映的名称，选择其中一项即可按自定义放映的顺序进行播放幻灯片。

(2) 使用画笔。在放映时，有时需要在幻灯片中重要的地方画一画，以突出某些幻灯片上的某些部分，此时可使用"画笔"功能。在放映的幻灯片上右击，在弹出的快捷菜单上选择"指针选项"命令，可弹出子菜单如图 7.57 所示。

图 7.56　定位幻灯片

图 7.57　使用画笔

① 在菜单中选择"笔"或"荧光笔"命令，此时鼠标将会变为所选画笔的形状，可以在演示画面上进行画写，且画写时不会影响演示文稿的内容。

② 由于幻灯片的背景颜色不同，可以根据需要选择不同的画笔颜色，在"墨迹颜色"子菜单下的颜色列表中可以选择画笔的颜色。

③ 当需要擦除个别的画笔时可以选择"橡皮擦"命令，此时鼠标变为橡皮状，拖曳鼠标可以擦除画笔的痕迹。如果要一次性擦除所有画笔的颜色，则可以选择"擦除幻灯片上的所有墨迹"命令，则幻灯片上的所有墨迹被擦除干净。当没有完全擦除幻灯片上的所有墨迹就退出幻灯片的放映时，弹出如图7.58所示的警告，选择"保留"则墨迹将会保留在幻灯片中，选择"放弃"则墨迹将会自动清除。

图 7.58　系统警告对话框

(3) 屏幕选项。在放映的幻灯片上右击，在弹出的快捷菜单上选择"屏幕"命令，可弹出子菜单如图7.59所示。

① 黑屏/白屏：在放映演示文稿时，操作者如希望和观众进行交流，可将屏幕设置为黑屏/白屏，使听众的焦点集中到操作者，并且操作者还可以使用画笔工具在黑屏/白屏上进行画写。

② 切换程序：如果在演示过程中需要切换程序，则选择"切换程序"命令，此时将显示出任务栏，在任务栏中可以单击进行切换的程序。或按住 Alt 键，然后按 Tab 键，在屏幕上显示任务列表，用鼠标单击需切换的程序图标即可。

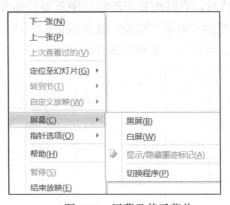

图 7.59　屏幕及其子菜单

(4) 结束放映。如需要结束放映状态，可在幻灯片上右击，在弹出的菜单中选择"结束放映"命令，或直接按 Esc 键就可结束幻灯片的放映。

7.10 打包成 CD

使用"打包成 CD"功能，可以将一个或多个演示文稿连同支持文件一起复制到 CD 盘中。默认条件下，Microsoft PowerPoint 的播放器包含在 CD 上，即使其他某台计算机上未安装 PowerPoint，它也可在该计算机上运行打包的演示文稿。

"打包成 CD"的操作步骤如下。

(1) 执行"文件"菜单|"保存并发送"选项卡|"将演示文稿打包成 CD"|"打包成 CD"命令，弹出"打包成 CD"对话框，如图 7.60 所示。

图 7.60 "打包成 CD"对话框

(2) 默认情况下，系统会将当前文件作为打包的文件，如果需要添加其他演示文稿文件，则单击"添加"按钮，弹出"添加文件"对话框，如图 7.61 所示，可在此对话中选择要添加打包的文件。

图 7.61 "添加文件"对话框

(3) 默认情况下，在打包时会包含演示文稿链接的文件，如外置的音频文件、视频文件、链接的图片文件等，如果想修改此设置，可单击"选项"按钮，弹出如图 7.62 所示的"选项"对话框。以下是对话框中各选项的设置情况介绍。

① "链接的文件"选项：设置在打包时是否连同链接文件一起打包，建议选择此项，便于演示文稿的移植。有时，在将演示文稿复制到其他机器上时，某些链接对象无法打开，出现错误提示，原因是这些链接文件没有一同被移植，因此建议在打包时连同链接文件一起打包。

② "嵌入的 TrueType 字体"选项：如果想使用 TrueType 字体，也可将其嵌入到演示文稿中，嵌入字体可确保在不同的计算机上运行演示文稿时该字体都可用。

③ 密码设置：可在打包时进行密码设置，以确保打包后的文件的安全性。在"打开每个演示文稿时所用密码"文本框中填写打开文件的密码；在"修改每个演示文稿时所用密码"文本框中填写对打包文件进行修改的密码。

(4) 单击图 7.60 中的"复制到文件夹"按钮，可弹出如图 7.63 所示的"复制到文件夹"对话框，在此对话框中可设置打包后的文件所存放的文件夹名和存放位置，设置完成后单击"确定"按钮，则打包后的文件被复制到设置的文件夹中。

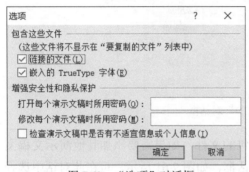

图 7.62 "选项"对话框

图 7.63 "复制到文件夹"对话框

将演示文稿保存为视频

将演示文稿转换为视频是发布和传递演示文稿的另一种方法。如果希望为他人提供演示文稿的高保真版本，可以将其保存为视频文件。在 PowerPoint 2010 中，可以将演示文稿另存为 Windows Media 视频(.wmv)文件，这样可以确保演示文稿中的动画、旁白和多媒体内容顺畅播放，分发时可更加放心。

将演示文稿保存为视频文件的操作方法如下。

(1) 执行"文件"菜单|"保存并发送"选项卡|"创建视频"命令，显示"创建视频"操作区，如图 7.64 所示。

(2) 若要显示所有视频质量和大小选项，单击"创建视频"区域下的"计算机和 HD 显示"右侧下三角按钮，若要创建质量很高的视频(文件会比较大)，可单击"计算机和 HD

显示"选项;若要创建具有中等文件大小和中等质量的视频,可单击"Internet 和 DVD"选项;若要创建文件最小的视频(质量低),可单击"便携式设备"选项。

图 7.64 "创建视频"操作区

(3) 在"不要使用录制的计时和旁白"列表中,如果没有录制语音旁白和激光笔运动轨迹并对其进行计时,可单击"不要使用录制的计时和旁白"选项;如果录制了旁白和激光笔运动轨迹并对其进行了计时,可单击"使用录制的计时和旁白"选项。

(4) 每张幻灯片的放映时间默认设置为5秒。若要更改此值,可在"放映每张幻灯片的秒数"右侧,单击上箭头来增加秒数或单击下箭头来减少秒数。

(5) 单击"创建视频"按钮,弹出"另存为"对话框,如图 7.65 所示,可以将演示文稿另存为 Windows Media 视频(.wmv)文件。在"文件名"文本框中,为该视频输入一个文件名,通过浏览找到将保存此文件的文件夹,然后单击"保存"按钮。可以通过查看屏幕底部的状态栏来跟踪视频创建过程。创建视频可能需要几个小时,具体取决于视频长度和演示文稿的复杂程度。

图 7.65 "另存为"对话框

7.12 习题

一、选择题

1. 在幻灯片中插入了一段声音文件后,幻灯片中将会产生( )。
   A. 一段文字说明　　　　　　　　B. 链接说明
   C. 链接按钮　　　　　　　　　　D. 喇叭标记

2. 幻灯片中母版文本格式的改动( )。
   A. 会影响设计模板　　　　　　　B. 不影响标题母版
   C. 会影响标题母版　　　　　　　D. 不会影响幻灯片

3. 若要实现作者名字出现在所有的幻灯片中,应将其加入到( )中。
   A. 幻灯片母版　　　　　　　　　B. 标题母版
   C. 备注母版　　　　　　　　　　D. 讲义母版

4. 绘制图形时按( )键图形为正方形。
   A. Shift　　　B. Ctrl　　　C. Delete　　　D. Alt

5. 改变对象大小时,按下 Shift 键时出现的结果是( )。
   A. 以图形对象的中心为基点进行缩放　　B. 按图形对象的比例改变图形的大小
   C. 只有图形对象的高度发生变化　　　　D. 只有图形对象的宽度发生变化

6. 不能显示和编辑备注内容的视图模式是( )。
   A. 普通视图　　　　　　　　　　B. 大纲视图
   C. 幻灯片视图　　　　　　　　　D. 备注页视图

7. 在任何版式的幻灯片中都可以插入图表,除了在"插入"选项卡中单击"图表"按钮来完成图表的创建外,还可以使用( )实现图标的插入操作。
   A. SmartArt 图形中的矩形图　　　B. 图片占位符
   C. 表格　　　　　　　　　　　　D. 图表占位符

8. 在 PowerPoint 2010 中,下列说法错误的是( )。
   A. 在文档中可以插入音乐(如.mp3 音乐)
   B. 在文档中可以插入照片
   C. 在文档中插入多媒体文件后,放映时只能自动放映,不能手动放映
   D. 在文档中可以插入声音(如鼓掌声)

9. PowerPoint 2010 中自带很多的图片文件,若将它们加入到演示文稿中,应使用插入( )操作。
   A. 对象　　　　　　　　　　　　B. 剪贴画
   C. 自选图形　　　　　　　　　　D. 符号

10. 在演示文稿中，在插入超级链接中所链接的目标，不能是(   )。
    A. 另一个演示文稿　　　　　　　　B. 同一演示文稿的某一张幻灯片
    C. 其他应用程序的文档　　　　　　D. 幻灯片中的某个对象
11. 要使所制作的背景对所有幻灯片生效，应在"背景"对话框中单击(   )按钮。
    A. "应用"　　　　　　　　　　　　B. "取消"
    C. "全部应用"　　　　　　　　　　D. "确定"
12. 在对幻灯片中的某对象进行动画设置时，应在(   )对话框中进行。
    A. 动画效果　　　　　　　　　　　B. 动画预览
    C. 动态标题　　　　　　　　　　　D. 幻灯片切换
13. 以下不是幻灯片放映类型的为(   )。
    A. 演讲者放映(全屏幕)　　　　　　B. 观众自行浏览(自行)
    C. 在展台浏览(全屏幕)　　　　　　D. 演讲者自行浏览
14. 与 Word 相比较，PowerPoint 软件在工作内容上最大的不同在于(   )。
    A. 窗口的风格　　　　　　　　　　B. 文档打印
    C. 文稿的放映　　　　　　　　　　D. 有多种视图方式
15. 动作按钮以何种方式插入：(   )。
    A. "插入"|"形状"　　　　　　　　B. "插入"|"剪贴画"
    C. "插入"|"按钮"　　　　　　　　D. "动画"|"形状"
16. 在 PowerPoint 中，幻灯片浏览视图下，用户可以进行(   )操作。
    A. 插入新幻灯片　　　　　　　　　B. 编辑
    C. 设置动画片　　　　　　　　　　D. 设置字体
17. 在 PowerPoint 中，将大量的图片轻松地添加到演示文稿中，可以运用(   )。
    A. 设计模版　　　　　　　　　　　B. 手动调整
    C. 根据内容提示向导　　　　　　　D. 相册

二、判断题

1. 幻灯片的放映方式分为人工放映幻灯片和自动放映幻灯片。　　　　　　　(　)
2. 设置幻灯片动画效果需选择"动画"选项卡。　　　　　　　　　　　　　　(　)
3. 想重置幻灯片的动画效果，可以选择"动画"选项卡下的"无动画"命令。(　)
4. PowerPoint 不具有排练计时功能。　　　　　　　　　　　　　　　　　　(　)
5. PowerPoint 不可以自定义主题。　　　　　　　　　　　　　　　　　　　(　)
6. 动作按钮以"插入"|"剪贴画"方式插入。　　　　　　　　　　　　　　　(　)
7. 在对幻灯片中的某对象进行动画设置时，应在动态标题对话框中进行。　　(　)
8. 在幻灯片中插入了一段声音文件后，幻灯片中将会产生喇叭标记。　　　　(　)
9. 演讲者自行浏览不是幻灯片放映类型。　　　　　　　　　　　　　　　　(　)
10. 内容占位符中包括插入表格按钮。　　　　　　　　　　　　　　　　　　(　)

参考文献

[1] 姚琳，汪红兵. 多媒体技术基础及应用[M]. 北京：清华大学出版社，2013.

[2] 刘龙，路琳琳，王世超. 多媒体技术应用[M]. 北京：北京邮电大学出版社，2007.

[3] 杨青，等. 多媒体 CAI 课件制作技术与应用[M]. 2 版. 北京：人民邮电出版社，2012.

[4] 乔立梅. 多媒体课件理论与实践[M]. 北京：清华大学出版社，2012.

[5] 李昊. 计算思维与大学计算机基础[M]. 北京：科学出版社，2017.

[6] 于萍. 多媒体课件制作与应用[M]. 北京：科学出版社，2017.

[7] 周德富，多媒体制作技术[M]. 北京：人民邮电出版社，2015.

[8] 周媛，吴文春. 多媒体课件设计与制作基础[M]. 北京：电子工业出版社，2013.

[9] 魏瑛，游娟，周丽莎. 字体设计教程[M]. 武汉：华中科技大学出版社，2013.

[10] 毛应爽. Office 办公应用软件同步实训教程(2010 版)[M]. 北京：清华大学出版社，2016.

[11] 陈志娟，隋春荣. Photoshop 平面设计实用教程[M]. 北京：清华大学出版社，2013.

[12] 何克抗. 信息技术与课程深层次整合理论[M]. 北京：北京师范大学出版社，2008.